住家菜，
居然有
一手

居然 著

U0309815

南方日报出版社
NANFANG DAILY PRESS
中国·广州

图书在版编目(CIP)数据

住家菜，居然有一手/居然著.—广州：南方日报出版社，2016.4
ISBN 978-7-5491-1353-8

Ⅰ.①住⋯　Ⅱ.①居⋯　Ⅲ.①家常菜肴—菜谱　Ⅳ.①TS972.12

中国版本图书馆CIP数据核字（2015）第314975号

住家菜，居然有一手
ZHUJIACAI, JURAN YOUYISHOU

作　　者：居　然
责任编辑：阮清钰
特约编辑：蔡　静
装帧设计：唐　薇
技术编辑：邹胜利

出版发行：南方日报出版社（地址：广州市广州大道中289号）
经　　销：全国新华书店
制　　作：◆ 广州公元传播有限公司
印　　刷：深圳市汇亿丰印刷科技有限公司
规　　格：760mm×1020mm　1/16　12印张　35千字
版　　次：2016年4月第1版第1次印刷
书　　号：ISBN 978-7-5491-1353-8
定　　价：29.80元

如发现印装质量问题，请致电020-38865309联系调换。

　　每个人当然不能只围着一日三餐转，尤其是栖居在大都市的人们。为了能给家人更好的生活条件，为了能在大城市里站稳脚跟，他们必须适应快节奏、高强度。所以，很多时候，一日三餐对他们来说，只是充饥或者提供能量而已。他们无暇，甚至没有心情，去寻求健康的食材，研究烦琐的烹饪方法，能在家煮碗面已是一种奢侈。

　　但是生活中又不能没有一日三餐。一个小小的厨房，冒着热气的锅子，在灶台前忙碌的身影，洗、切、拌、炒……暂时脱离白天的角色，用几个拿手的菜肴让疲惫的身躯得到喘息和慰藉。在我看来，没有厨房和餐桌的家，和旅馆并无不同。

　　有了厨房，有了热灶台，便有了生活的烟火气和精气神。

　　住家菜，不需要虚张声势，不需要世上珍馐，简单的食材，正确的火候，合适的佐料，再加小小的创意和心思，就是人间美味。

从开始写作这本书到出版，我经历了从单身到恋爱、结婚，从开始创业再到怀孕、搬家的过程，人生中的一系列大事件，纷至沓来，让时间也在各种忙碌中变得更加紧张。但回家做饭，仍然是我觉得必须"浪费时间"来做的事。从走进厨房那一刻开始，我便精神抖擞，把疲惫抛至九霄。今天的食材该怎么搭配？煎、炒、蒸，还是炸？用什么口味呈现这道菜最好？一边在脑子里飞快地筹划着，一边快手处理食材。想象着菜肴的卖相，想象着它被端上桌时家人的反应，我便乐此不疲。和家人一起畅快大啖，分享美味，说着工作的烦恼、趣闻和家长里短，是我惬意的时光。

幸福，真的不过家常。

居然

目　录

幸福不过家常

文蛤，又叫蛤蜊或白贝。

文蛤算是最便宜的海鲜了。新鲜的文蛤如果烹法得当，肉质会非常鲜嫩。同样的配料，炒、煮皆可。炒文蛤，如果镬气（粤方言，是指运用猛烈的火力保留食物的味道及口味，并配合适当的烹调时间，带出精华，制成色、香、味、形俱全的菜肴。）足够，会让人食欲大振。不过，鲜嫩的同时又要入味，很难两全其美，总得在二者之中有所取舍。

现煮现吃，追求的就是鲜，当然还有嫩。蛤蜊一张开壳，肉就会被汤汁包裹。随着汤汁温度越来越高，一只只文蛤"卟卟"地张开了壳……两人开始忙起来，也不等端下，就趴在锅边开吃。一只接一只，嘴不停，手也不停，趁着新鲜，吃得不亦乐乎。吃完文蛤，再佘些紫甘蓝调节胃口，那真是心满意足。

材料

文蛤750克
姜1块
红葱头3个
大蒜6瓣
香葱2根
香菜2根
紫苏1棵
紫甘蓝一小盘

调料

豆豉2大勺
生抽4汤勺
水2碗
食用油少许

『卟卟』文蛤

鲜得停不住口

1. 把文蛤清洗干净，刷干净外壳。

2. 所有材料洗净；红葱头、姜、豆豉、一半蒜剁碎，另外3瓣蒜拍扁即可；紫苏切碎；香葱、香菜切段。

3. 加热炒锅，放入少许油，倒入剁碎的豆豉、葱头、姜、蒜和部分紫苏，一同炒香。

4. 加入生抽。

5. 加入两碗水后关火。

6. 放入洗干净的文蛤，再放入切好的葱、香菜和余下的紫苏。

7. 备好电磁炉，把放有文蛤的锅放在炉子上加热。

8. 随着汤汁温度增高，文蛤慢慢张开。张开口的文蛤即可食用。

9. 吃完文蛤，把紫甘蓝丢进汤汁中汆一下，烫软捞出，无须蘸酱料，已经很入味了。

爆炒鱿鱼圈

鱿鱼画圈圈
也很美

材料

新鲜鱿鱼 2 只
姜 1 块
大蒜 5 瓣
洋葱 1/4 个
青椒 2 个

调料

豆豉 1 勺
料酒 2 汤勺
豆瓣酱 2 勺
生抽 2 汤勺
老抽几滴
食用油、盐各适量

　　小时候，妈妈每次炒鱿鱼之前，都是用花刀处理鱿鱼，所以我一直以为，鱿鱼必须切花刀——穗花刀、十字花刀等等。

　　为什么要这么做，我从来没细想过，觉得长辈这么切一定有他们的道理。后来无意中从《雷蒙德的烹饪秘诀》（BBC美食纪录片）中看到，用花刀切鱿鱼确实有相当充分的理由，其一是能让鱿鱼预热后卷起来，卖相美观，其二是让热力均匀穿透，其三是能让调料的味道彻底渗透。

　　不过，凡事都有例外。某日我正准备炒鱿鱼，食材都已洗好，刚烧热炒锅，准备切鱿鱼，此时偏偏电话响了，于是我快刀斩乱麻，"咄咄咄"，鱿鱼变成了鱿鱼圈。没想到歪打正着，圈圈不仅美味，还提升了肉的质感。不会打花刀的吃货，以后就试试切圈圈吧。

1.抽出鱿鱼中间的白色片状物，撕去外表的褐色薄膜后，将鱿鱼洗干净，切成圈状，鱿鱼须分别切成段。洋葱和青椒切成自己喜欢的形状，姜切成丝，大蒜切成片。

2. 锅中装入适量的水，丢入姜丝少许，烧开后，倒入2勺料酒，放入鱿鱼圈，变白、定型后马上捞出。

3. 炒锅中放少许油，放入青椒，煎炒至近乎虎皮状后，倒入洋葱一起略炒片刻，盛出备用。

4. 再倒入少许油，爆香姜、蒜，放入豆豉、豆瓣酱。

5. 炒香后倒入鱿鱼，大火炒片刻。

6. 将青椒、洋葱回锅同炒。

7. 试一试咸淡，调入适量的盐炒匀，再调入生抽、几滴老抽上色即可。

豉汁蒸黄骨鱼

最怀念那一粒豆豉

弟弟从小到大经常这么说：可以没有肉，没有菜，只要有几颗豆豉，一碗饭也能吃得有滋有味！

豆豉，在粤菜中运用极广，在调味品中占有重要的一席之地。作为传统的发酵豆制品，它看上去乌黑发亮，入口松软，营养丰富，既可以作为调味料，又可以直接食用，古人还将豆豉入药。

蒸鱼、蒸排骨、蒸肉、蒸瓜，以及铁板菜、煲仔菜、小炒，几粒豆豉，就能让一盘寡淡的菜肴变成"活色生香"的下饭菜。没啥厨艺的人一定要常备豆豉，它确实具有"化腐朽为神奇"的神功，绝对的烹调利器。

材料

新鲜黄骨鱼2条
姜1块
大蒜5瓣
葱丝适量
小米椒2个

调料

豆豉1勺
蒸鱼豉油适量
食用油适量

1. 黄骨鱼洗净，剖肚去内脏。

2. 蒜、姜和豆豉剁碎，小米椒切小圈。

3. 锅里放少许油，把这几样材料放入锅中略炒至香气四溢，关火备用。

4. 将黄骨鱼从头至尾每隔约2厘米切一刀，不要切断，将炒好的食材铺到鱼身上，放入预热好的蒸箱，大火蒸8分钟即可。

5. 取出，放上切好的葱丝，淋上热油，再淋点蒸鱼豉油即可享用，如果嫌麻烦，做法3可以省略，不过配料略炒一下味道更赞。

干煸菜花

锦食需添『花』

材料

松菜花 300 克
五花肉 1 小块
姜 1 小块
蒜 3 粒
干辣椒 5 个

调料

盐、生抽各适量

菜花算是我们家除了绿叶菜以外上桌率最高的蔬菜了，不论是单独炒还是搭配荤菜，都能一盘扫光光。

松菜花（也叫台山菜花）是近两年菜市场上出现的新品种，它比普通的花椰菜更嫩更清甜。第一次在菜市场看到它，纳闷怎么会卖这么老的菜花，样子难看价格还贵，没想到尝过一次就爱上它了。

温馨提示

1. 去掉辣椒籽，辣椒就不会那么辣了，只会增加香味。

2. 爆香的五花肉能让菜花更具风味，不适宜用瘦肉，至于五花肉要不要带皮就看个人喜好了。

3. 松菜花口感更清甜，也容易炒软，买不到的话可以用一般的花椰菜代替。花椰菜不易入味，炒到8分熟时就可以调味，在继续翻炒的过程中让菜花慢慢入味。

4. 一般家庭的炒菜锅不会特别大，火候也达不到专业厨房的那么猛，所以炒菜花时需要保持大火，而且需要一个比较大点的炒锅。一次不要炒太多菜花，否则容易出水，口感就不爽脆了。口味重的可以多放油，这样菜花也不容易出水。

1. 五花肉切片；姜、蒜切片；干辣椒剪碎；菜花洗净后切块，或者掰成小块，沥干备用。

2. 五花肉入平底锅中，用小火煎出油。

3. 煎至肉片金黄时放入姜片、蒜片和干辣椒，开大火一同爆香。

4. 保持大火，如果五花肉煎出的油不够，可以再添加一点食用油，放入沥干水的菜花翻炒。

5. 菜花差不多全熟的时候，迅速调入少许生抽和盐。

6. 根据自己的口味选择翻炒时间，如果想吃熟烂一些的，可以适当延长翻炒时间。

高升排骨

一条口诀走天下

材料
排骨 2 条
（约 1000 克）
大蒜 4 瓣

调料
黄酒 2 汤勺
米醋 2.5 汤勺
糖 3 大勺
（约 40 克）
生抽 5 汤勺
清水 2 碗
食用油适量

中国人爱吃、会吃、讲究吃，会想尽各种办法折腾一些食材，例如一块排骨，蒸、煎、煮、炖、焖、炸，还会给它起上一个吉利喜庆的名字，比如今天这款"高升排骨"。

它几乎是一道家喻户晓的家常菜，凭着"12345"这个5步口诀就能做出一盘可口的美味。当然，这个口诀也早就被无数厨娘修改成私家配方，甜点，辣点，酸点……毕竟不是所有人都喜欢同样的口味。逢年过节，或者贵客临门，端上一份高升排骨，又开胃，又吉祥。

1. 排骨洗净，剁成小块，用厨房纸巾擦干水分备用。

温馨提示

1. 高升排骨的做法很简单，调料按照1：2：3：4：5的比例，逐渐递增，寓意步步高升。

2. 排骨的选择上最好选择仔排（小排骨，即胸肋骨），做出来的菜肴卖相好，口感更佳。

3. 可以根据个人喜好来调整糖、醋的比例。

4. 原配方中加水量是5勺，我改成了2碗，因为排骨分量比较大。大家在做菜时也要灵活机动，根据食材的分量和自己的口味来增减调料。

2. 炒锅烧热，先倒入少许食用油润锅，下蒜片爆香，再放入排骨翻炒至变色。

3. 依次加入黄酒、米醋、糖、生抽和清水，翻炒均匀。

4. 调大火将调料汁烧开，再转最小火，盖上锅盖焖烧50分钟左右。

5. 注意观察汤汁浓稠度，查看是否粘锅底，多翻动几下。

6. 看到汤汁收得差不多时，关火，出锅装盘即可。

怪味鱼丁

五味瓶究竟是啥滋味儿

材料

草鱼腩肉一大块
（约250克）
大蒜2瓣
葱2根
红辣椒2个

调料

料酒1汤勺
蒸鱼豉油2汤勺
醋、鱼露各1勺
糖1小勺
水2汤勺
胡椒碎、淀粉、盐、
食用油各适量

　　人总是喜新厌旧，做菜久了，偶尔也会厌倦那些天天面对的味道。某日我整理橱柜，把里面所有的调味料都拿了出来。看着这些瓶瓶罐罐，我突发奇想，把这些调料全放在一起，做出来的菜会好吃吗？

　　说干就干。我本来打算蒸块鱼腩肉，最终它被我切成小块来做实验。

　　不说你也猜到了，这次试验相当成功。我从来没打翻过五味瓶，不知道那究竟是啥滋味，如果像这道怪味鱼丁的味道，倒也不错。此菜酸中带甜，甜中微辣，咸香中又带有鱼露的鲜，各种滋味集于一身，叫它怪味鱼丁是实至名归啊。

1. 鱼腩洗净后切块（也可用其他少刺的鱼代替，如鲈鱼、龙利鱼等等）。

2. 在切好的鱼腩中加入料酒，磨入适量胡椒碎，再加入少许盐腌制15分钟。

3. 切好葱、蒜、红辣椒。

4. 依次将鱼露、蒸鱼豉油、醋、糖、少许盐、水和少许淀粉加入碗中兑成汁，如果不喜欢鱼露可不加。

5. 鱼腌制好后，沥干汁水，放入大约七成热的油锅中炸至金黄（可以将鱼腩块裹上少许面粉再入锅炸，这样就不用担心彼此粘连或者粘锅的情况出现）。

6. 将炸好的鱼肉捞出，沥干油分备用。

7. 加热平底锅，倒入少许食用油，放入葱白、蒜片、红辣椒爆香。

8. 倒入炸好的鱼腩，略炒后倒入调料汁。

9. 大火收汁后放入葱段，再翻炒几下即可出锅。可根据自己喜好多留汤汁，不需要全收干。

红烧猪尾

有时候需要
不拘小节

材料

猪尾 1 根
（约 650 克）
冰糖 12 粒
花椒 30 粒
八角 1 个
干辣椒几个
姜 1 块

调料

米酒、生抽各 2 汤勺
盐少许
食用油适量

不是吹牛，我觉得自己做的红烧菜味道超赞。当然，我不会说自己的做法最正宗，同样一道菜，一百个厨娘能烧出一百种味道。咱和科班厨师不同的地方正在于不求正宗，只求每天能让家人吃得香喷喷，那就再幸福不过了。

这个做法，不光适合猪尾，也适合排骨、五花肉、牛肉、羊肉等，当然，不同的食材在处理的时候还是多少有些区别的。猪尾巴香软绵糯，比猪蹄、五花肉少了些许油腻，又比排骨多了些柔软，所以，它成了我的红烧首选。

红烧菜讲求色泽红润、透亮，上色主要靠生抽、老抽、糖等，但生抽加多了会太咸，老抽加多了则色泽太黑，所以调料一定要拿捏有度。常见的做法是先焯水，再炒糖色，小火焖煮，大火收汁。也有人会省略焯水这一做法，前提是要找到好食材；也有人不炒糖色，而是用姜、葱、生抽、料酒生炒上色，但是最后两步是必经之路。至于香料，香叶、肉桂、甘草、草果等等，只要你喜欢都可以放点儿，量不宜大，咱这不是卤水，是红烧，不能让香料的味道抢了肉味。简单点就八角、辣椒、生姜，也能烧出一锅好肉来。做菜，有时候需要不拘小节。

1. 洗净猪尾，顺着关节切成块（可以让卖肉的代劳）；姜切片。

2. 锅中加入冷水，倒入猪尾，烧开，把浮沫撇干净，捞出猪尾沥干水。

3.加热炒锅，放入少许食用油、冰糖，小火煮至糖慢慢融化并变成浅褐色，颜色不要过深，糖色深了猪尾会变苦。糖的分量可根据个人口味调整。

4.加入猪尾，开中火或更大火，快速翻炒。

5.炒至猪尾变成金黄色。

6.放入姜片，倒入米酒，再次翻炒出香味，然后倒入热水，刚刚没过猪尾即可。

7.加入花椒、八角、干辣椒，倒入2汤勺生抽，烧开后转小火慢慢焖烧。

8.焖烧约1小时，出锅前可先试下口味，猪尾软糯嚼着不费劲就差不多了，调入少许盐，开大火收汁即可。

干煸海带丝炒肉片

海带的另一种温柔

材料

海带丝 80 克
豆干 1 块
梅花肉 150 克
香芹 2 棵
红椒 1 个
蒜 3 瓣

调料

食用油适量
盐少许
生抽 2 汤勺
老抽几滴
料酒半汤勺

海带是补钙圣品（当然它还富含其他营养物质）。女人刚年过30，才劳累了几天，就担心自己骨头嘎吱响，便匆忙奔向菜市场。平常要么用海带煲汤，要么凉拌……今天，就来试试干煸。

和海带搭配的猪肉，要选一块比较特殊的。它以瘦肉为主，中间夹杂着细细的白色脂肪，肥瘦相间，肉质很嫩，红白相间，煞是好看——对，这叫梅花肉！一头猪身上，这样的好肉并不多，价格也略贵，但是这块肉怎么炒都好吃，物有所值。在菜市场上，绝对是抢手货。

1. 海带丝洗净后沥干，用盐腌制5—10分钟，让海带丝渗出水分后再沥干。

2. 梅花肉切小片，时间充裕的话可以切成和海带丝一样大小，这样炒出来卖相更佳。豆干切成细条状，香芹切段，红椒切丝，大蒜切成片。

3. 加热炒锅，放少许食用油，放入红椒和蒜片煸炒几下，再倒入切好的肉片，大火翻炒至变色，倒入少许料酒和生抽。

4. 倒入豆干，炒至豆干上色，装起备用。

5. 锅中再放入少许油，放入沥干水的海带丝用中小火煸香，可以煸的干一点，这样口感更棒。

6. 加入之前炒好的肉片和豆干，同炒大约半分钟，滴入几滴老抽，加入芹菜，翻炒片刻即可出锅。

材料

长豆角（豇豆）400克
红辣椒1个（其实不辣，
主要是为了养眼）
五花肉50克
大蒜3瓣
花椒20粒

调料

海鲜酱3大勺
酱油1汤勺
食用油3汤勺

惹味长豆角

只要喜欢，总能做好

常有人问："你是什么时候开始下厨的？"

这个问题还真不好回答。

记得从小学一二年级开始，我就在厨房劈柴、熬粥、煮饭，焖红薯，那确实是下厨，但又不像是真正下厨。

念书时，在宿舍里藏了个电饭煲，偶尔和同宿舍的姑娘们一起开个小灶，那算是人生中第一次自己拿主意煮什么吃，但是离真正的下厨还有很大一段距离。

工作以后，和闺蜜在城中村租了一个小套房。工作太忙，煮饭都是凑合。后来条件稍微好些了，才在周末有模有样地煮起饭来。闺蜜总是夸我做得好吃，夸得多了，我也就信以为真，渐渐爱上了烹调。甚至现在，连锅碗瓢盆都开始讲究起来了。其实，只要喜欢，总能做好的！

1. 准备好所有材料。豆角切成段，五花肉切成条，红辣椒切成细条，大蒜切碎。

2. 烧热平底锅，放入五花肉煎至金黄，再加入蒜蓉和花椒焗香，加入3勺食用油，放入豆角，焗炒至豆角熟透皱皮。

3. 锅里留少许底油，多余的可以撇掉（也可以盛放在小碗里炒其他菜用），倒入1勺酱油，快速炒匀。

4. 舀入3大勺海鲜酱，翻炒均匀。

5. 最后撒入红辣椒炒匀，即可出锅。

蚝汁萝卜

冬天的萝卜
赛人参

　　如今吃素大行其道，我家餐桌上也紧跟潮流，多了不少素菜。说到萝卜，我还真不是特别爱，都说"冬吃萝卜夏吃姜"，冬天的萝卜赛人参，所以一年到头，我也只是在冬天才会搬点萝卜回家，费尽心思让它变得更美味。新鲜的萝卜软绵多汁，搭配XO酱，再配点萝卜干，倒也是一道很不错的下饭素菜。

材料
白萝卜1根
（约650克）
香菜梗适量

调料
柱侯酱1勺
蚝油2勺
高汤1大碗
生抽少许
XO酱2勺
盐、淀粉、食用油各适量

1. 萝卜洗净，去皮，切成约1厘米厚的大块。

2. 萝卜块倒入锅中，加入一大碗高汤（大骨汤、蔬菜汤或鸡汤都行，如果都没有，就清水吧），开火加热，依次调入柱侯酱、蚝油、生抽和适量的盐（我还顺手把一点剩肉末丢进去了）。

3. 烧开后，小火焖煮40—50分钟，至萝卜入味，软绵可口。

4. 淀粉加入少许水调开，加入几滴生抽、少许食用油，搅拌均匀，倒入锅中，开大火收汁。加热时轻轻搅拌，注意不要把萝卜搅碎了。

5. 收汁后出锅，撒点香菜梗，再浇上两勺XO酱。

醬淋茄子

幸福不过家常

材料

茄子1个（约400克）
五花肉1小块
青、红椒各半个
香葱1根

调料

郫县豆瓣酱2大勺
生抽1.5汤勺
醋1汤勺
油适量
水1/3碗
料酒1汤勺
淀粉、糖各少许

有家，有厨房，有饭桌，有爱的人一起吃饭。席间可以细嚼无声，也可以欢声笑语，虽是家常便饭，却已很知足。

我很喜欢妈妈以前做的茄子。做法非常简单，茄子对切两半，米饭将熟之际放入饭面上，饭熟时茄子也熟了，用花生油和生抽拌一拌，就是一道美味。

现在很难吃到小时候吃的那种充满食物本来味道的蔬菜，所以，我一直在改良妈妈的菜谱——多用蒸保持食材的鲜甜和营养，通过酱汁来提升菜的味道。

看上去它很像酱烧茄子，吃起来才能感受它的清甜，比烧茄子口感清新许多，极力向大家推荐这个做法。

1. 茄子洗净，切成条状。

2. 放入蒸箱（或蒸锅）中，用大火蒸15分钟（茄子尽量平铺，不要堆得太高，否则蒸的时间要更长，还容易出水）

温馨提示

1. 这道菜不需要再放盐了，豆瓣酱本身就是咸的，加上生抽，已经够味。

2. 郫县豆瓣酱可以替换成自己喜欢的其他牌子的豆瓣酱，实在没有，不用也可，同样美味。

3. 蒸茄子时，将五花肉剁碎，青、红椒切碎，生抽、醋、水、料酒、淀粉和糖依次倒入碗中，搅拌均匀，调成酱汁。淀粉不要放太多，否则酱汁会太过厚重。

4. 加热平底锅，放入2勺油，倒入肉末，煸至颜色焦黄并开始出油时，加入郫县豆瓣酱，小火煸出红油。

5. 放入青、红椒，翻炒均匀，倒入调好的酱汁。

6. 大火烧开酱汁，转小火煮至汤汁略显浓稠即可。

7. 将蒸好的茄子盛入深碗中，淋上酱汁即可。

招牌咖喱鸡

遇见你就成别样风情

材料

鸡腿 3 只
土豆 1 个
胡萝卜半根
洋葱半个
香芹 2 棵
红辣椒 1 个
新鲜柠檬叶 2 片

调料

椰浆 1 盒
黄咖喱酱 60 克
牛奶 1 盒（250 毫升）
黄油 25 克

咖喱当属印度的最为正宗，口感很辣，而且配合了丁香、小茴香、辣椒等香料，很好地发挥了咖喱独特的口味，不过一般中国人吃不惯。东南亚人则喜欢在咖喱中调入椰浆，使辛辣的口感变得更加柔和。

咖喱的家常做法数不胜数，简直可以说是随心所欲，不论荤素，只要遇上咖喱，就会立马呈现出别样的风情，而且，超级下饭。

1.洗净所有食材，土豆和胡萝卜去皮，切成大块，洋葱一半切成大块、一半切碎，香芹切段，红辣椒切粗条，鸡腿剁成小块。

2. 冷水入锅，放入切好的鸡腿肉，水烧开后撇去浮沫，捞出鸡腿肉备用（这是冷冻鸡腿的处理方法，若是新鲜鸡腿可以省略这一步。）

3. 热锅中放入黄油，用小火融化。

4. 加入切碎的洋葱，炒香。

5. 放入鸡腿肉，炒至鸡皮微黄。

6. 加入胡萝卜和土豆。

7. 倒入椰浆。

8. 放入咖喱酱，搅匀。咖喱酱入锅后是成团的，需要慢慢推散搅匀。

9. 倒入一盒牛奶，加入柠檬叶，略微搅拌后烧开，再改小火慢炖至土豆软绵。

10. 柠檬叶久煮会发苦，煮15分钟左右即可捞出。

12. 一起略煮片刻即可出锅，咖喱酱本身已有咸味，不需要另加盐。

11. 放入香芹、红辣椒和洋葱。

孜然烤鱼

围炉吃鱼
正当时

材料

乌头鱼1条（约750克）
干辣椒1把
香菇几朵
白菜1小棵
青蒜几棵
香干2块
香芹2棵

调料

郫县豆瓣酱3勺
生抽少许
食用油、孜然粉各适量

南方的冬天，难免会有又冷又湿的日子。抬头望去，天空灰暗，阳光似乎遥遥无期，连做饭的心情都没了。

周末睡了个懒觉，一睁眼，竟然有一缕阳光照进来。我立马从床上蹦起来，穿衣服，刷牙洗脸，买菜去！

到了菜市场，打电话问小庞哥："想吃什么？"

"烤鱼吧！"

街角有人叫卖自己从鱼塘捞上来的新鲜乌头鱼，本来想买鲈鱼的，看着这活蹦乱跳的乌头，甚是喜欢，马上要了一条中等大小的，再来点配菜，齐活了。

回到家杀鱼刮鳞，收拾妥当，准备入炉。冬日里，围着暖炉吃烤鱼，夫复何求。

1. 乌头鱼收拾干净，将腹内黑膜刮清，鱼身上划几刀。烤箱调至230度预热，收拾好的鱼抹干水，放到铺了锡纸的烤盘上，放入烤箱烘烤10分钟左右。

2. 烤鱼的时候，清洗、切好配菜。

3. 取出烤鱼，在鱼身上刷一层生抽，再刷上一层油，继续放回烤箱烤8分钟。

4. 锅中放入3汤勺油、半碗干辣椒，小火煎出香味，捞出干辣椒。

5. 再放入郫县豆瓣酱，炒出红油。

6. 炒出红油后，加入1匙生抽，再加入1大碗水，烧开后略煮一会儿即可关火备用。

7. 重复步骤3，取出烤鱼再擦一次生抽和油，然后撒上孜然粉，继续回炉烤8分钟。

8. 盛放好烤鱼，撒入各种配菜，倒入之前已过油的干辣椒，再淋入煮开的酱汤。

9. 桌上放上电炉，烤鱼放于其上，开火，配以白米饭，边烤边享用。

麻婆豆腐

心急也要吃热豆腐

材料

嫩豆腐 120 克
牛肉 50 克
葱 1 小段
姜 1 小块
大蒜 2 瓣

调料

郫县豆瓣酱 2 大匙
花椒粉、辣椒面各适量
料酒 1 汤匙
酱油半汤匙
糖 2 克
淀粉 1 匙
水 1 大碗
食用油 2 汤勺

吃豆腐的时候就总会想起一句俗话:"心急吃不了热豆腐。"

可是吃麻婆豆腐的时候,不管多烫,都停不了口,收不了手。

做麻婆豆腐时务必要记得一件事,就是煮饭时要多放一杯米,因为,这道菜堪称"米饭天敌"。我每次都是以风卷残云的速度,把米饭一扫而光。

做这道菜,有三点非常关键:一、豆腐要选新鲜嫩滑的南豆腐。我在成都吃过两次麻婆豆腐,味道很不错,就是总觉得豆腐不够嫩,可能当地人就爱吃这种老点儿的豆腐吧。我结合自己的喜好,改用超级嫩的南豆腐。有了适合自己的豆腐,其他材料都是锦上添花。二、麻婆豆腐,一定少不了麻、辣两味,其次就是酥。麻来自花椒粉,辣来自豆瓣和辣椒面,酥来自牛肉末,煸牛肉的火候要注意,多煸一会儿会更香。三、一定要有郫县豆瓣酱,它能炒出漂亮的红油,醇厚的香味,这道菜的香味主要来自于这个当地豆瓣酱。

1. 豆腐切成1厘米见方的小丁;牛肉剁碎;葱、姜、蒜分别切碎;豆瓣酱切碎。

2. 锅中烧开水,放入少许盐,滑入豆腐,调小火,用微微翻腾的状态煮1分钟,然后捞起沥干备用。

3. 加热炒锅,倒入食用油,加入姜、蒜末爆香,放入牛肉末,炒至牛肉变色,调入少许料酒,翻炒至肉末嗞嗞冒油的状态。

4. 把牛肉末拨到锅的一边，放入豆瓣酱，小火炒出红油，加入辣椒面

5. 炒出红油后和牛肉末混合翻炒。

6. 加入豆腐，不要用铲子翻动，而是用手来回摇晃锅子，豆腐就能轻易地被牛肉末和红油包裹啦。

7. 加入半碗水，
煮开后再用中小火
烧2—3分钟。

8. 将淀粉、糖、酱、
油、料酒和3汤勺水
一起搅拌均匀，倒入
锅中给豆腐勾芡。

9. 撒入花椒粉
（根据个人喜好程度加
减量），即可出锅装盘，
上桌前撒点葱花点缀。

辣子鸡中翅

川菜的魅力

麻、辣、鲜香，有嚼劲，这就是辣子鸡中翅的魅力所在。酷爱川菜的我，是不会放过这道菜的。

别看这一锅红辣椒，其实这种干辣椒的辣度挺低的，更多的功效是用来提高视觉效果——增色添香。当然，嗜辣的可以换个辣椒品种，或者添几个小米椒，辣度马上翻几倍。

材料

鸡中翅7只
干辣椒1大碗
姜1块
蒜5瓣
香葱1棵
青辣椒1个

调料

花椒1小把
生抽2汤勺
豆瓣酱1勺
料酒1汤勺
胡椒粉、糖、盐各少许
食用油1大碗

1. 鸡中翅洗净，泡水半小时，斩成小件，1个鸡中翅剁成4—5份。

2. 干辣椒简单淘洗一遍，用厨房纸巾吸干表面水分剪成小段。

3. 鸡中翅用生抽、料酒、少许盐、糖和胡椒粉腌制半个小时；姜、蒜切片，青辣椒切成辣椒圈，葱切成葱花。

4. 锅中倒入油，烧热，把鸡中翅腌出的汁水倒掉，入锅炸至金黄色，捞出备用。

5. 第二次烧热油，把鸡中翅重新入锅再炸一次，约5秒，炸至表面焦脆即可，迅速捞出。

6. 加热炒锅，倒少许底油，放入干辣椒、花椒、豆瓣酱，用小火炒香，直至油变红。

7.加入姜片、青辣椒圈、葱白、蒜片一起炒香。

8.倒入炸好的鸡中翅，翻炒均匀。出锅前试下咸淡，根据个人口味调入适量生抽。

9.最后撒入点儿剩下的葱花，炒匀即可出锅。

榄菜肉末四季豆

越碎越有味

材料

四季豆 300 克

三分肥七分瘦
猪肉 100 克

橄榄菜 2 勺

大蒜 4 瓣

调料

食用油、盐、生抽
各适量

　　四季豆的做法，我至爱两种，干煸和用橄榄菜、肉末炒。其实做法都差不多，区别只在于豆角长点还是短点。

　　相比之下，肉末四季豆更下饭。舀一勺到饭碗里，随意捞一捞，饭一会儿就不见了一半。这道菜也很适合那些胃口不太好的人，食材都切得细细碎碎，菜更容易入味，提振食欲。它也适合消磨时光，四季豆一粒一粒地往嘴里送，边吃边聊聊东家长西家短，聊着聊着，橄榄菜肉末四季豆就不见了，时间也不见了……

1. 四季豆洗净后择去两端，切碎；猪肉剁成肉末，大蒜切碎。

2. 加热平底锅，倒入适量食用油，加入四季豆，煸炒至熟透皱皮后装起备用。

3. 锅中留底油，放入蒜蓉、肉末煸炒。

4. 炒至变色后加入少许生抽调味上色。

5. 加入橄榄菜，炒出香味。

6. 倒入之前煸好的四季豆，翻炒均匀，出锅前调入适量盐即可。

麻油手撕鸡

唯有凉拌可以度夏

材料

大鸡腿 1 只
姜片 3 片
葱 2 根
胡萝卜 1 段
大蒜两瓣
红辣椒半个
香菜 1 小把
花生米 1 小撮

调料

料酒、生抽各 1 汤匙
醋 2 汤匙
盐少许
糖 3 克
麻油、油辣子各 1 茶匙
（不喜辣的可省略）

七月，唯有来个凉拌，才能安慰吃货那颗躁动的心。

凉拌菜真是最简单又最不简单的一道菜了。说它简单，是因为做法便捷，程序少；说它不简单，是因为食材和调料的搭配有考究，一百个人能调出一百个味儿，酸、辣、咸、麻……各取所需。在炎热的夏天，做个开胃小菜，就碗粥，或者拌面条，配小酒，怎么吃都舒坦。

1. 冷水入锅，开火后放入鸡腿、姜、葱、料酒，大火煮开后，转小火焖8—10分钟。

2. 同时，将胡萝卜切丝，辣椒切成辣椒圈，大蒜剁成蒜蓉，香菜切段。用筷子戳一下鸡腿肉最厚的地方，拔出筷子时没有血水流出就可以捞出鸡腿了。

3. 鸡腿自然放凉，然后撕成鸡丝。

4. 鸡丝中依次加入胡萝卜丝，调入醋、生抽、盐、糖、蒜蓉、辣椒圈等。

5. 用筷子拌匀碗里所有的材料。

6. 放入香菜，倒入香油（根据个人喜好加减分量）拌匀。

7. 加入油辣子，炸香的花生米，拌匀即可。天热时，可冷藏后食用，口感更佳。如果家里备有炒香的芝麻，随手撒点，别有滋味。

材料

牛腩 800 克
白萝卜 1 个（约 600 克）
红葱头 10 个
姜 1 块
八角 1 个

调料

米酒 2 汤勺
柱侯酱 3 汤勺
酱油 4 汤勺
盐少许
糖 12 克
食用油适量

萝卜焖牛腩

这个冬天要牛气冲天

广州有句俗话叫"秋风起，吃腊味"，预示进补季节到来，可以贴点肥膘啦。说到贴肥膘，就少不了牛羊肉，而广州人尤爱牛腩。萝卜是焖菜中的"百搭皇后"，尤其与牛腩在一起，简直是天造地设。吃上一碗地道的萝卜牛杂，你会理解为什么广州人会有这样的偏爱。牛腩汁沁入萝卜中，散发出独特的香气，再蘸上一点蒜蓉辣椒酱，鼓着腮帮子对着热气腾腾的萝卜吹几口气，送入口中，绵软多汁，一碗下去，这个冬季就满足了。

1. 牛腩（我喜欢挑选筋比较多的坑腩）洗净，切成大约3厘米长的方块。

2. 白萝卜去皮洗净，切成大块；红葱头去皮洗净；姜切成片。

3. 锅里放入牛腩，倒入冷水，水要没过牛腩。大火烧开水，撇去浮沫，捞出牛腩沥干备用。

4. 加热炒锅，放入少许油，爆香红葱头、姜片、八角。

5. 沥干水的牛腩倒入锅中，开大火翻炒，调入米酒，炒匀。

6. 调入柱侯酱，炒匀。

7. 再加入生抽炒匀。

8. 倒入烧开的水，水要没过牛腩，调入少许糖。

9. 盖上锅盖，慢火焖1.5小时左右。

10. 另用一个锅将白萝卜煮熟。牛腩快要焖好时，倒入白萝卜，调入少许盐，再一同焖煮20分钟左右。

11. 能用筷子轻松地插入牛腩，就说明差不多焖好了。喜欢汤汁多些的，可以将水量加大。酱油和柱侯酱都有咸味，所以加盐要谨慎，最好加之前先尝尝咸淡。

三杯蘑菇

万能的酱汁

材料

鲜香菇6个
口蘑4个
小杏鲍菇3个
九层塔1小把
姜1大块
葱白1小把
独头蒜4个
红辣椒半个
青辣椒1个
小米椒1个

调料

料酒1大勺
生抽2大勺
麻油1小勺
糖适量
老抽几滴
植物油1碗

　　三杯菜，咸甜适中，微辣，其中使用了大量的葱姜蒜。至于三杯具体是哪三杯，一直存在不少争议。即使是餐厅里的三杯菜，也是一家一个口味。

　　我的三杯菜谱，麻油、生抽、酒的比例不需要1：1：1，因为不太喜欢浓重的麻油味，喜欢麻油味的同学可以适当增加麻油比例。

　　如果是烹饪肉类，建议使用一些米酒，酒精挥发后的菜肴偏甜，所以糖不要放太多。这个菜谱，可以演变出很多种菜肴，三杯各种肉、素菜均可。酱汁比较万能，做一两次后便可熟能生巧。至于九层塔，则是这道菜的关键。

1. 准备好所有食材。

2. 将蘑菇洗净，切成块状或片状沥干；青、红辣椒切成长条状；小米椒切成圈；姜、蒜切片；九层塔、葱白切段；调料（除麻油、植物油外）全部倒入小碗中调匀备用。

3. 加热平底锅，倒入植物油烧热，放入沥干水的蘑菇，煎至一面全黄色后再煎另一面。蘑菇煎好后捞出备用。

4. 锅中留少许底油，爆香葱白、姜片、蒜片。

5. 将之前煎好的蘑菇倒回锅中略炒。

7. 汁收得差不多的时候，试一试味道，可适当调入生抽或少许糖，再加入九层塔、青辣椒、红辣椒和小米椒圈炒匀。

6. 倒入调好的酱汁，翻炒片刻，待收汁。

8. 加入一小勺麻油提香。

9. 汁收好后，可以加几滴老抽上色，即可出锅。

秋葵小炒肉

来自非洲的豆角

材料

炒好的豉汁酱2匙
（做法见"豉汁蒸黄
骨鱼"）
五花肉250克
秋葵8根
大蒜3瓣

调料

生抽1汤匙
米酒少许
老抽几滴

秋葵，曾经被誉为蔬菜中的贵族。据说它的老家在非洲，最大的特点就是那特殊的黏腻口感。关于秋葵的食用价值曾被人津津乐道，导致价格昂贵。如今种植的人多了，八块左右就能买到500克新鲜的秋葵。有一次去肇庆鼎湖山玩，发现当地的农民都在种植秋葵，现摘现卖，两块钱500克，超级新鲜。

秋葵一定要趁鲜食用，不然很快就嚼不动了。因为被采摘下来的秋葵依然在勤勤恳恳地合成纤维素，所以它一样会慢慢变老。要想阻止它快速变老，只有低温保鲜，让秋葵合成纤维的速度慢下来。最好将它储藏在9度左右的环境中，这样能在最大程度上延长秋葵的可食用期，同时避免冻伤。

秋葵为我们的餐桌提供了一道不一样的风景，在嚼着这些"非洲豆角"时，或许还能感受到一丝异域风情。带着能强体补肾、刮油去脂等各种美好愿望把它吞下肚，也是挺时尚的一件事吧。

1.大蒜切片，五花肉切片，秋葵切片或者滚刀切三角状。

2. 热锅中放入五花肉，用小火煎出油，但不要煎得太干，否则肉会有点硬。倒入少许米酒，调入生抽和老抽炒匀后装起备用。

3. 用煎肉时出的油将蒜片爆香，调大火，放入秋葵。

4. 大火翻炒秋葵至断生。

5. 之前煎好的五花肉回锅，一起翻炒均匀。

6. 倒入豉汁酱，炒匀。

7. 试一试味道，因为豉汁本身已经有咸鲜味，所以不需要再加盐。若没有豉汁，可以直接用生抽和盐调味。

蒜薹炒牛肉

巧妇自有巧方法

材料
蒜薹 250 克
牛肉 150 克
红辣椒 1 个

调料
酱油 2 汤勺
老抽几滴
淀粉少许
糖 1 克
食用油适量
料酒 1 汤勺
盐少许（约 3 克）

　　相信经常下厨的厨娘都做过这道菜。可以搭配牛肉来炒的素菜很多，除了蒜薹、洋葱、土豆、青椒、西芹、青蒜都很搭。这次我选用的是很一般的牛肉，侧面还带着筋，不是嫩嫩的里脊，也不是雪花牛肉。好食材当然很关键，但是如果没有娴熟的烹饪技巧，也能把珍馐做得俗不可耐。巧妇能把普通的食材做出特别的味道——这是不是有点自卖自夸的嫌疑？

　　牛肉要炒得够鲜嫩，关键在于腌制和炒。用少许盐、料酒、糖、淀粉来腌制牛肉的同时，还可以适当添加1—2勺的水，等牛肉把水吃进去，再放入一些油拌匀，这叫"封油"。

　　用不粘锅炒肉还是比较放心的，有淀粉也不会粘锅，若用一般铸铁锅，需要先把锅烧热，加热食用油，放入牛肉后要赶紧拨散，快速炒至变色，短时间内炒熟的牛肉不会流失更多水分，口感嫩滑。

2. 牛肉用料酒、1克盐、糖、水淀粉拌匀，淋少许油封油备用。

1. 牛肉切条，红辣椒切条，蒜薹切段。

3. 加热炒锅，放入2勺油，油热后倒入牛肉快速拨散。

4. 翻炒至牛肉变色，加入酱油和几滴老抽提味、上色，然后装起备用。

5. 锅中再放入少许油，放入蒜薹和红辣椒，大火炒熟，加入剩下的盐调味。

6. 把之前炒好的牛肉回锅，一同翻炒均匀即可。

香辣虾

偶尔来点任性

谁说我不知道啤酒不能老和海鲜勾搭在一起，谁说我不知道女孩儿别老喝那么多啤酒，谁说我不知道夏天少吃上火的……

偶尔斟上一小杯，再来点下酒好菜，小小放纵一下，有益身心。

健康固然是很重要的，但是开心也很重要。偶尔任性，生活才更带劲儿。大不了，今天啤酒香辣虾，明天清粥配青菜。

材料

鲜虾 400 克
鲜藕 1 段
青瓜 1/3 根
芹菜 1 棵
干辣椒 1 大碗
花椒 1 小把
姜 1 小块
大蒜 2 瓣

调料

郫县豆瓣酱 1 勺
食用油 2 碗
生抽少许
椒盐适量

1. 备齐所有材料。虾洗净后挑去虾线，开背，剪须，沥干水；青瓜切片，莲藕去皮切成薄片；芹菜切段；姜、蒜切片。

2. 干辣椒剪短，去除辣椒籽。

3. 热锅中倒入食用油，放入鲜虾快速炸至金黄色后捞出。

4. 升高油温，把虾回油锅复炸30秒左右，至虾壳香脆，捞起沥干油备用。

5. 莲藕和青瓜过油，藕片可以先入锅，炸一会之后再下青瓜片，然后同时捞出沥干油分。

6. 锅里留少许底油，放入姜、蒜片爆香，加入郫县豆瓣酱，炒至略出红油。

7. 加入干辣椒、花椒，炒香。

8. 加入炸好的虾，翻炒均匀。

9. 调入少许生抽，翻炒均匀后再撒入少许椒盐。

10. 最后放入芹菜，炒匀即可出锅。配一杯啤酒，美美地放纵一次吧，不要贪杯就好！

豆腐炒茶树菇

醒胃小炒

材料

老豆腐1块
新鲜茶树菇1把
青蒜2根
姜1块
大蒜1瓣

调料

豆豉1勺
生抽、老抽各少许
盐适量
食用油适量

　　朋友不开心的时候，我愿意做个提振味觉的拿手小菜安慰她们，振奋胃口，也就振奋了精神。

　　茶树菇应该是我最爱的菌类。它容易入味，久煮也能保持爽脆的口感。生病或者没有胃口的时候，我第一时间就想到茶树菇。

　　所谓干锅，说白了就是多了口锅——把菜用油爆过后盛入锅中，一边小火加热，一边大口吃菜。因为没有这口锅，所以干锅变小炒了。

1. 豆腐切成比茶树菇略粗的条状；茶树菇去根，清洗干净后切成两段；青蒜切段；姜、蒜切片。

2. 锅中放适量油加热，放入姜片，倒入茶树菇，煎至水分蒸发，略变金黄即可盛出，注意不要煎得太干。

3. 油留在锅中，放入切块的豆腐。这一步需要耐心，如果担心豆腐会粘锅，可以让豆腐的每个切面都蘸上适量的面粉。把豆腐表面煎至金黄后装起备用

4. 锅中留底油，放入豆豉、姜片、蒜片，还有青蒜中的蒜白部分。

5. 爆香后，豆腐和茶树菇回锅，撒少许盐炒匀，调入适量生抽，翻炒均匀。

6. 撒入青蒜，再滴入几滴老抽略炒上色即可

盐焗水晶鸡

化繁为简的宴客菜

材料
土鸡 1 只
（约 1250 克）

调料
花椒 1 小把
盐半碗
盐焗鸡粉 15 克
花生油、酱油各适量

蘸料
葱 1 把
姜 1 块
香菜 1 棵

　　"无鸡不成宴"，鸡俨然是逢年过节餐桌上少不了的一道菜，至于做法，白切、盐焗、清蒸、手撕、豉油卤、炸等等，真是八仙过海，各显神通。

　　盐焗鸡的传统做法比较复杂，如今都市人都是忙忙碌碌，生活节奏加快，太复杂的菜式有时真是心有余而力不足，所以简化出这道简单又好吃的做法。

1. 将处理好的鸡洗净，沥去多余水分。

2. 花椒、盐放入锅中，用小火焙至花椒微香，盐粒微黄，放凉后与盐焗鸡粉混合。

3. 将调好的粉均匀撒在鸡身上。用手给鸡按摩，让椒盐充分抹匀鸡全身，鸡肚子也不要放过。反复擦几遍后，用保鲜袋将鸡装好，至少腌制2个小时。

4. 锅中盛水，架上蒸屉，将鸡放入一个略深的盘中，再放入蒸屉，盖上锅盖，大火烧开水后，蒸30分钟左右。

5. 蒸鸡的同时，准备蘸料。姜和葱按照2：1的量剁成蓉（我还加入了一点点香菜梗）。姜葱蓉中淋入热油，然后再倒入几滴酱油即可。

6. 用筷子戳入鸡身上肉最肥厚的地方，检查一下是否还有血水流出，没有即熟了。取出鸡，斩成小块，蘸料享用。

肉末蒸蛋羹

还能再嫩些吗

材料
两分肥八分瘦猪肉适量
鸡蛋2个
香葱1小根

调料
盐少许
生抽、食用油各适量

很多人以为蒸蛋羹是一道再普通不过的菜肴，其实，越简单的菜式越考验厨师的水平。曾经的我，每次蒸出的鸡蛋羹味道都不同，心情好、状态佳时，蒸出来的蛋羹那可是吹弹可破；如果赶上心情糟，比例没掌握好，蛋羹则是又老又皱巴，看来，做菜也是"相由心生"啊。

1. 鸡蛋磕入碗中，用筷子搅散

2. 加入2倍于蛋液的凉开水，搅拌均匀。

3. 调入少许盐，我大概放了2克，喜欢咸的可以多加点儿。

4. 用筛子过滤蛋羹液。

5. 预热电蒸箱，放入蛋羹，中高火蒸10分钟。时间可以弹性，盛放蛋羹的碗比较深，时间适当加多几分钟，若鸡蛋摊在大盘里，时间就要短一些

6. 蒸蛋羹的同时，将猪肉剁成肉馅儿。开大火，放入炒锅中炒熟，出锅前调点酱油上色，盛放到蒸好的蛋羹上面。

最爱烧猪蹄

浓油赤酱的

家常烧

材料

猪蹄 1 只
姜 1 块
干辣椒 1 小把
洋葱 1/4 个
青、红椒各 1 个

调料

糖 15 克
食用油 1 汤勺
米酒 2 汤勺
生抽 3 汤勺
盐少许

这道红烧做法简单，材料简单，还可以变化出各种口味，搭配花生、黄豆、土豆也相得益彰。我和小庞哥都是无辣不欢的人，什么菜都喜欢撒上一把辣椒，不吃辣的朋友直接把干辣椒去掉即可。只靠糖、油、酒、酱，就能烧出一锅意想不到的美味。

猪蹄一定要挑新鲜的，不要买冷冻品，新鲜的食材能让烹饪事半功倍。如果实在买不到，那烹饪前最好用流动的自来水泡洗冷冻的猪蹄。烹饪过程中需要增加一个环节：在炒糖色前把猪蹄焯一下，水中放入葱、姜、料酒，以便去除猪蹄的冷冻味。

1. 猪蹄洗净，刮去残留的毛，斩成小块，沥干水；姜切片，洋葱、青椒、红椒切块。

2. 加热平底锅，放入一勺食用油，放入糖，用小火把糖融化，呈浅褐色，放入猪蹄翻炒。

3. 快速给猪蹄翻身，直至猪蹄两面呈金黄色。如果想加大猪蹄的分量，最好用一口大号炒锅，猪蹄上色会更均匀。

4. 放入姜片、少许干辣椒，调入少许米酒，继续翻炒至酒的香气挥发出来，再倒入生抽炒匀，倒入2大碗热水，焖煮一会儿

5. 将猪蹄连汤一起倒入深口锅，喜欢吃辣的再加一小把辣椒

6. 烧开后转小火，慢炖50分钟左右。

7. 猪蹄的软硬度达到自己喜欢的口感后，调入适量的盐，开大火收汁，然后撒入洋葱、青椒、红椒略煮片刻即可。

彩椒炒鳝片

纯属乱搭

材料

黄鳝 3 条
青、黄、红椒
各 1 个
姜、蒜、红葱头
各适量

调料

豆瓣酱 2 勺
料酒 1 汤勺
生抽 2 汤勺
盐 2 克
食用油适量

男主人到家时，手里拎着一袋彩椒，兴致勃勃地说起刚才路过菜市场，看见这么新鲜漂亮的彩椒不免胃口大开，想着我也很爱吃，就毫不犹豫地买了几个。可是今晚我已早有打算，准备用黄鳝做个中式小炒。看着盘子里已经处理好的鳝片，又望望那几个大彩椒，灵机一动，不如就把油爆鳝丝改成彩椒炒，既不白费他一番心意，还说不定炒出一份意外的惊喜。不管怎样，如此养眼的一道菜，吃饭时起码心情会很不错。

1. 准备好所有材料，黄鳝起骨，彩椒洗净。

2. 黄鳝切片状（鳝骨不要丢，切成小段备用，我觉得炒透的鳝骨也很好吃，又香又脆），用料酒和盐腌制；彩椒分别切成小块。

3. 把姜、蒜和红葱头用料理机打碎。

4. 烧热炒锅，倒入少许食用油，爆炒彩椒至断生，撒入少许盐调味，然后盛起备用。

5.锅里再倒入适量油,大火加热后,爆香红葱头、姜、蒜后,放入两勺豆瓣酱炒匀

6.倒入鳝片,保持大火,爆炒至鳝片熟透,待表面略焦黄、鳝骨略脆时洒入少许生抽上色。

7.彩椒回锅,炒匀即可。

猪油炒菜心

炒的是一种情怀

材料
猪油2匙
肥五花肉1小块
菜心350克
大蒜2瓣

调料
盐少许
生抽几滴

猪油炒菜心，需要的，是更多的细心和耐心。

猪油需要提前用小火慢熬好。现在大家都谈猪油色变，其实，猪油并没那么可怕。挑选上好的猪板油或者肥肉，洗干净，加入一大碗水，用小火煮出猪油。加水煮出的猪油没有过多的有害物质，而且咱们也不是天天吃，只要饮食均衡，猪油也可以吃得健康有益。

菜心要挑选新鲜细嫩的，五花肉要选取略肥的。将肉洗净切小块，慢煎出油后猛火快炒，猪油和菜心共同撞出猛烈的香味，邻居闻到也要流口水。

1. 选用新鲜菜心，用盐水泡20分钟左右。择去较老的叶子，不要扔掉，可以用来煮菜心粥。

2. 五花肉切成片，大蒜切碎。

3. 五花肉放入锅中，小火煎至出油，肉焦香，加入蒜蓉。

4. 加入2匙猪油，猪油融化后，改大火，放入菜心。

5. 快速翻炒，加入少许食盐。

6. 滴入几滴生抽，继续保持大火，快速翻炒。

7. 炒至青菜熟软即可出锅。

醋熘藕丁

酸溜溜好开胃

材料

鲜莲藕 1 段
秋葵 4 个
胡萝卜半根

调料

小米香醋 3 汤勺
糖 5 克
盐 2 克
淀粉 1 小勺
清水 1/3 碗
老抽几滴
食用油少许

闷热的三伏天，家里一定得常备些莲藕。不论是炖汤、凉拌，还是小炒，都是解暑首选。今天这道醋熘藕丁，是我比较得意的快手菜之一。而且搭配上几条秋葵，一道家常素菜变成了小清新。偶尔吃素，可以让我那时有时无的减肥的愿望暂时得到一种满足。

1. 莲藕去皮切丁。

2. 秋葵和胡萝卜也分别切成和莲藕丁大小差不多的小丁。

3. 把食用油以外的所有调味料依次倒入碗中，调匀。

4. 锅中倒入水，加入莲藕丁和少许盐，煮10分钟左右，至莲藕变软后捞起备用。

5. 胡萝卜和秋葵丁焯水断生备用。

6. 加热炒锅，放入少许食用油。

7. 倒入莲藕爆炒一会儿，再倒入调好的酱汁，改小火，煮至差不多收汁。

8. 加入秋葵和胡萝卜丁，炒匀即可。

苦瓜红烧肉

不拘一格做烧肉

材料
苦瓜1小个
带皮五花肉400克
大蒜8瓣

调料
糖1勺
生抽1汤勺
老抽几滴
米酒1汤勺
盐少许
油约1.5汤勺

　　这几日，广州正式进入"粤蒸煮"模式。走在街上，就好像行走在一只热炉子里，随便溜两步就开始汗水滴答。

　　一到三伏天，就是各种瓜瓜果果当道的日子。瓜类特别消暑，尤其苦瓜、冬瓜。按说这个时节应该忌油腻，可是隔些天不吃肉，就周身不自在。夏天吃肉得跟上夏天的节奏，好吃还得不上火。所以，即使是红烧肉，搭配得当，也一样成为盛夏的佳肴。比如，下面这道不拘一格的苦瓜红烧肉。

1. 五花肉切成大拇指宽的块状，苦瓜切块，大蒜对半切。

2. 热锅中倒入食用油，放入大蒜用小火煎。

3. 大蒜煎至金黄色后捞出备用。

4. 底油留在锅中，加入1勺糖或者等量冰糖（大约15克），用小火把糖融化至金黄色，千万不要炒成褐色，否则做出来的烧肉会有苦味。放入切好的五花肉。

5. 调大火快速翻炒，让糖色均匀地粘在肉上，炒至肉变成金黄色，沿着锅边倒入米酒，快速炒匀。

6. 倒入少许生抽、几滴老抽，继续翻炒。

7. 加入没过肉块的热水，倒入前面已经煎好的大蒜。

8. 待汤汁煮沸后，关火。连汤带肉倒入铸铁锅中，用中小火焖煮约30分钟。

9. 焖肉时，将苦瓜块用少许盐腌制一会儿，然后用清水冲洗干净，这一步有助于让苦瓜析出苦味，喜欢原汁原味的可以省略此步。

10. 将水烧开，滴入几滴食用油，倒入苦瓜块焯煮1—2分钟，捞出备用。

11. 肉烧至差不多收汁的时候，调入少许盐。

12. 倒入苦瓜块，煮至收汁即可。

韭菜花
炒肉
还是自家
小炒肉地道

材料

五花肉 250 克
韭菜花一小把（约 150 克）
大蒜 2 瓣
红葱头 3 个

调料

李锦记风味豆豉 1 大勺
生抽 2 大勺
食用油、盐少许

有人会觉得小炒肉难登大雅之堂，其实，它的口感的层次是非常丰富的。猛火快炒，小火慢煎……都不是问题，前提是，要选到一块好的五花肉。但即便如此，如今在餐馆里吃到肥肉不肥、瘦肉不柴的小炒肉，也不容易了。也许是为了加快节奏，不少师傅将肉和辣椒一块过油，捞出后配些调料回锅拌一下就装盘了，味道可想而知。

我的小炒肉做法是妈妈教的，其中的窍门就是先要用少许水把肉煮熟，再下酱料调味。事半功倍，不信就试试。

1. 准备好食材。五花肉洗净切片，韭菜花切段，蒜、葱头拍碎。

2. 热锅中倒少许油，加入蒜碎爆香，放入韭菜花快炒断生，加少许盐，炒匀后装起。韭菜花很容易熟，不需要炒太久，1分钟左右即可。

3. 洗净炒锅，加热后倒入适量的食用油，放入红葱头碎爆香，放入五花肉，炒干水后再放入1/3碗水煮熟猪肉。

4. 水快干的时候倒入生抽，改小火，慢炒至猪油泌出。

5. 加入1大勺风味豆豉。

6. 炒匀至五花肉色泽漂亮。

7. 加入韭菜花，炒匀即可。因为生抽、豆豉都有咸味，出锅前最好先试试味道再决定是否加盐。

荷叶蒸鸡

酷暑『荷』以消夏

材料

鲜荷叶 1 张
鸡半只
葱 2 根
姜 1 小块
香菜少许
草绳 1 根

调料

酱油、盐少许
食用油适量

今天特意去市场挑了一只杏花鸡。这种鸡主产于肇庆封开的杏花、渔涝一带，并因产地而得名。传统的杏花鸡，是放养于溪边竹林下，或山上松树下，以野草、虫蚁为食，因此也被广州人称为"走地鸡"。

早就盘算好了做法：一半蒸，一半炖汤。而且，一定要用新鲜的荷叶包裹了来蒸，才对得起这么好的食材。荷叶的清香沁入鸡肉中，会让一道荤菜有了脱俗的气质。于是顺手又在菜市场买了几张鲜荷叶，两块钱一大张，除了蒸鸡，煮茶、煲粥皆可，也是消暑良品。

1. 把鸡洗净、沥干后，用盐将鸡身抹一遍。

2. 把鸡放到洗干净的荷叶上，包裹起来。

3. 用草绳把荷叶绑好。

4. 放入蒸锅，中火转小火，蒸18分钟即可（时间可根据鸡的大小调整）。蒸鸡的时候，准备蘸料，姜、葱比例可按照个人喜好调整，这里姜、葱、香菜的比例大概为2：2：1

5. 将蒸好的鸡取出斩件，摆上香菜点缀，配上姜葱蓉蘸料享用。

滑蛋虾仁

『蛋』要嫩，还要滑

材料
鸡蛋3个
虾仁100克
葱花少许

调料
盐3克
食用油2大勺

这道菜的重点，不是虾仁，而是滑蛋。

它和菜脯煎蛋、蚝仔煎蛋、凉瓜煎蛋等做法虽然大同小异，但是火候、手法还是略有不同。要想吃到蛋的浓香味，通常我们会把蛋液煎至金黄，甚至略焦。而滑蛋，油需要放多点，动作需要利索点，尽量在最短的时间把蛋炒得恰到好处。滑蛋的鲜嫩、松软，确实需要你有点看家的本领。

1. 鸡蛋打散，调入一半盐，搅拌均匀；用剩下的一半盐将虾仁腌一下。

2. 热锅里倒入少许食用油，放入虾仁爆炒，约1分钟即可，注意不要炒老。

3. 把炒好的虾仁稍微放凉后倒入鸡蛋液中，充分拌匀。

4. 热锅凉油，油要比平常炒蛋的量稍微多一些，倒入虾仁蛋液。

5. 用铲子快速均匀地推开，蛋液有九分熟的时候即可关火，利用余温把最后的蛋焖熟而不老。

6. 装盘，撒入少许葱花即可。

铁板鱿鱼须

自制铁板烧

材料

鱿鱼须2只
姜几片

调料

料酒1汤勺
盐少许
海鲜酱1勺
辣椒粉、孜然粉各适量
食用油少许

　　参加工作后，能够自食其力了，每次和小伙伴逛街，都要美美地饱餐一顿街边小贩卖的铁板鱿鱼须和章鱼小丸子，觉得那是在弥补之前当穷学生时的遗憾。

　　随着对健康和营养越来越讲究，对食材的新鲜度也要求越来越高，尽管有辛辣浓郁的香料遮盖，还是很容易就能闻出街边烧烤使用的鱿鱼很不新鲜，用的油也有一股难闻的气味。

　　终于，我忍不住买了个铁板锅。如此付出几倍的时间、精力和金钱，只为能在自家端出一盘冒着香气、嗞嗞作响的鱿鱼须来大快朵颐。

1. 鱿鱼须清理干净；烧开一锅水，放入姜片，倒入料酒，再放入鱿鱼须，焯至变色后即可捞出，沥干水

2. 将焯好的鱿鱼须切成段，用竹签串好。

3. 平底铸铁锅加热后转中小火，倒入少许油，放入鱿鱼须。

4. 先把鱿鱼须的一面煎出香味后再翻面，同时撒入少许盐。

5. 刷一层海鲜酱，不要贪多，不然会遮盖鱿鱼自身的香味。海鲜酱也可以换成其他辣椒酱。

6. 撒上辣椒粉和孜然粉。记住要不停翻动鱿鱼须，同时再补点辣椒粉和孜然粉，因为在煎的过程中调料会流失不少。

7. 煎至焦香程度达到自己喜欢的程度时就可以出锅享用啦。新鲜热辣，注意别烫着！

我外婆家位于山区，春笋也算是当地特产了。小时候，春季跟着妈妈回老家时，她都会沿路挖些鲜笋带给外婆。鲜嫩的春笋，怎么做都好吃，不知不觉，春笋的味道就留在了童年的记忆里。

如今每到春季，在菜市场就可以买到春笋了，鲜嫩度当然不能跟小时候吃过的比，但总会忍不住买几根回来应季。油焖春笋是一道杭州传统名菜，要用重油、重糖烹制，做成后色泽红亮，口感如烧肉，是一道不折不扣的春季下饭菜。

材料

鲜春笋1根（连壳约800克）
大蒜3瓣
姜1小块
葱花少许

调料

料酒3汤勺
生抽约3—4汤勺
糖、食用油各适量

油焖春笋

浓油赤酱烧出肉香

温馨提示

1. 做过鲜笋的朋友应该都遇到过这样几个问题：鲜笋难挑，涩味难除，难以入味。以下这些小窍门，可以帮你解决这些问题。

2. 鲜笋难挑：挑笋很关键，要是买到一根老笋，这道菜就做不成了。鲜笋的笋壳呈嫩黄色，表面光洁、完整，体型一般是胖乎乎的，笋叶呈大张状，整根笋略带弯曲。还有一个方法，就是将春笋底部朝上，用手指甲轻轻地在笋肉上掐一下，如果很容易掐出一道印痕即是嫩笋。

3. 笋壳难剥：像前面的过程说明中那样剥开笋壳，可谓事半功倍。

4. 涩味难除：这其实是春笋所含的草酸在作怪。要除去笋的涩味，确实要多花点功夫，比如焯烫的时候加些料酒和糖，延长焯烫时间等等。我沿用了妈妈的做法，把焯好的竹笋放在清水里泡一天再烹制，中途换换水，这样能有效减少涩味。

5. 笋难入味：鲜笋不易入味，所以在爆香姜蒜时，油可以适当多放一些，然后将笋煸炒至变色。这一步很重要，不然做出来的笋就没那么香了。当然，也可以借助更多的调料让笋的口感更丰富。

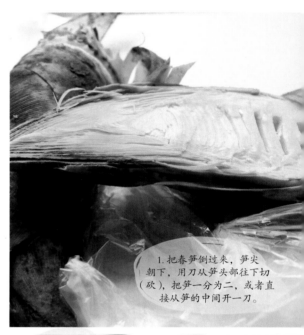

1. 把春笋倒过来，笋尖朝下，用刀从笋头部往下切（砍），把笋一分为二，或者直接从笋的中间开一刀。

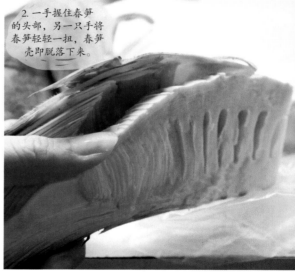

2. 一手握住春笋的头部，另一只手将春笋轻轻一扭，春笋壳即脱落下来。

3. 将剥好的春笋放入开水中焯烫2分钟左右（水中加入1小勺糖，1汤勺料酒）。焯过的笋切时不易碎。

4. 捞出春笋，放入凉水中浸泡一会儿，再捞出沥干，切滚刀块或者切片，然后再用开水焯5分钟。时间允许的话，用清水泡一天（中途换水），第二天再烹饪，这样基本能去除春笋的涩味。

5. 备好蒜末和少许姜片，加热炒锅，倒入食用油，爆香姜蒜。

6. 倒入春笋，煸炒1~2分钟至略变黄色。

7. 开大火，沿着锅边洒入2汤勺左右的料酒，然后放入适量的糖，倒入生抽，炒匀。

8. 盖上盖子焖一小会儿至收汁。出锅前撒入葱花即可。

　　是从什么时候开始，拍合影时大家都要喊"茄子"了？每次喊出"茄子"，僵硬的表情便立马放松，嘴角上扬，笑意盈盈。

　　说回茄子，做法太多了，并且大多是以香糯软绵的口感以及融入各种调味酱汁的美味呈现。鱼香茄子便是这样一道家常菜，尽管它已经是家喻户晓的"下饭神器"，大众餐馆必备，但就是百吃不厌呀，吃完还心生感慨与欢喜，就像每次看到用笑容定格了青春的旧照片一样……

材料

茄子 1 根
五花肉 1 小块
青、红椒各 1 个
大蒜 2 瓣
姜蓉少许
泡椒 8 个

酱汁

盐 1 小勺
糖 1/2 勺
香醋 1 汤勺
酱油 2 汤勺
料酒少许
老抽几滴
淀粉 1 勺
清水 3 汤勺

调料

郫县豆瓣酱 2 勺
食用油适量

鱼香茄子煲

『一二三，茄子！』

温馨提示

1. 茄子用少许盐腌制后再挤出水分，再用油煎的时候就不会太吸油，做出来没那么油腻。

2. 五花肉可以切成小块也可以剁成肉馅，随自己喜欢。

3. 酱汁一定要提前兑好，不然到时手忙脚乱很容易错放或者漏放调料。

2. 备好其他材料，青、红椒切小条，泡椒切丁，五花肉切小块（也可以剁成肉碎），姜、蒜剁碎，将做酱汁的调料全部倒入碗中搅匀。

1. 茄子切小条，用少许盐抓匀，腌制一会儿，让茄子里的水分析出。盐不要多，否则会影响后面的味道。

3. 将腌好的茄子挤出水分，加热炒锅，倒入食用油，放入茄子，煎成金黄色后捞出。

4. 炒锅中留少许底油，放入五花肉，用小火煎，煸出油后加入郫县豆瓣酱，炒出红油，放入泡椒、姜蒜碎炒匀。

5. 倒入茄子，翻炒均匀。

6. 加入青、红椒，倒入调好的酱汁炒匀。

7. 用大火收汁，汤汁浓稠即可，不要收得太干。

8. 另取一只砂锅，烧热，将茄子倒入砂锅中，待汤汁"咕咚咕咚"冒泡时端上桌，绝对勾人食欲。

http://blog.sina.com

蜜汁鸡翅

有情调的午餐

材料

鸡翅 10 只
洋葱 1 个
热米饭 1 碗

调料

生抽 1 汤勺
老抽 1 小勺
糖 10 克
盐少许

酱汁

蜂蜜 1 勺
生抽半汤勺
植物油少许

沙拉及酱汁

圣女果 2 个
苦苣一小把
橙子 1 个
黑醋、沙拉酱、芝麻酱
各适量

怀孕后，几乎不能下厨，怕油烟，怕葱、姜、蒜，怕孜然、薄荷等重口味的调味料，也害怕处理生肉。这对于一天不入厨房就心痒难耐的我来说，真是难受。所以，有时实在忍不住了，我就戴上口罩、太阳镜，全副武装进入厨房。

平常做这样一道菜，简直是易如反掌，因为烤鸡翅绝对是我的霸气拿手菜。可是非常时期，感到有点吃力，因此腌制鸡翅时没放料酒、香葱、蒜头、孜然之类的调料。奇怪的是，当鸡翅快熟的时候，那些妊娠反应就开始消失，洋葱飘香时连口罩都可以摘了。努力给午饭凹了个造型（"凹造型"为网络流行词，是"摆姿势"的意思），让郁闷的孕妇换个美美的心情。

温馨提示

1. 从烤箱中取出鸡翅多刷一次酱料，可以使卖相更佳，鸡翅也会更加入味。如果想省事，也可以连续烤25—30分钟，但是效果会差一些哦。

2. 如果家里没有烤箱，可以用平底锅煎，味道一样好。

3. 我调制的沙拉酱汁有点偏酸，不喜欢酸的朋友可以把黑醋的比例减少。芝麻酱是补钙佳品，适当加点会让这道菜的营养更加丰富。

1. 鸡翅用刀割几个口子，最好用流动的水冲洗15—30分钟，去除冻肉的味道，然后加入生抽、老抽、糖、盐，切入1/3个洋葱。用手拌匀鸡翅和调料，让调味料充分融入鸡翅中。

2. 将腌好的鸡翅放入保鲜盒，放入冰箱冷藏一晚或一天。

3. 烤盘上放入新切的洋葱和原来腌制鸡翅的部分洋葱，排列好鸡翅。用"烤肉"模式预热烤箱，如果没有这种模式可以选择上下火230度预热。

4. 把鸡翅放入预热好的烤箱中烤18分钟，这时鸡翅已经开始上色。

5. 取出鸡翅，刷上一层薄薄的蜂蜜和生抽的混合调味汁，再刷一层油。

6. 继续将鸡翅回炉烤8分钟左右。再次取出鸡翅重复之前的步骤，重刷一次调味汁，回炉再烤8分钟即可。

8. 装好米饭，摆入洗净的圣女果、苦苣、橙子、鸡翅入盘，淋上沙拉酱，即可享用。

7. 烤鸡翅的同时，调好沙拉酱汁。将黑醋和原味沙拉酱以1：1的比例一点点慢慢调匀，再一点点加入凉开水调稀，最后加入芝麻酱混合均匀。

缠缠绵绵到餐桌

虫草花煲瘦肉

清清淡淡的养人汤

材料

瘦肉150克
虫草花少许
红枣2个
桂圆肉15个

调料

水350克
盐（2克左右）

　　小孩子肠胃弱，胃口不好时最好用食疗来调理。我妈妈常煲瘦肉水给家里肠胃不好的孩子喝。瘦肉水不需放盐，可以当饮料来饮用，其中的营养物质也很丰富。

　　这款汤作为家常汤也不错，不肥腻，还养人，可以根据个人体质加入红枣、桂圆肉滋补，也可以加入淮山等养脾胃，还可以加入春砂仁或虫草花。简简单单，清清淡淡，不是药膳胜似药膳。

1. 将所有食材洗净、沥干；红枣去核。

2. 瘦肉剔除白筋，剁碎。

3. 瘦肉中慢慢加水，加一点就用手抓匀，让瘦肉充分吸收水。

4. 直到将全部水加入。

5. 放入洗净的桂圆肉、虫草花、红枣，静置2个小时，让瘦肉中能水溶的营养物质充分析出到水中。

6. 煮饭时，把瘦肉水放到电饭锅里，饭好时汤也好了。调入适量的盐，不要超过2克，尽量保持汤水的原汁原味。

材料

鸡骨架 1 个
新鲜橄榄 5 粒
胡萝卜半根
玉米半根
红枣 2 个

青橄榄鸡骨汤

去热清咽又滋润

秋高物燥，喉咙干痒，来个清清爽爽、不放盐的滋润橄榄汤最合适不过了！

橄榄，估计是个潮汕人都喜欢。记得上大学那会，不少潮汕同学拿橄榄当零食一样嚼。以前不喜欢，跟着嚼了几回，慢慢爱上了这清凉甘润的小玩意。橄榄入口很涩，但是多嚼几下，一股甘甜便滋润整个喉咙。在气候湿热的广东，人们常喜欢用橄榄去热清咽。橄榄独特的口感，也被文人用来形容青春期的爱情。还有那首著名的《橄榄树》，为小小橄榄平添不少诗意和浪漫情怀。

温馨提示

1. 鸡骨架常常带有不少脂肪，一定要剔除干净，否则会使汤变得油腻。

2. 如果还是有很多油漂在汤面，可以放一些草酸含量少的蔬菜涮一下，这样大部分油会被蔬菜吸走。

3. 橄榄有止咳、润肺、润喉的作用，汤煲好后，口感清的最好不加盐。避免摄入太多的钠，给身体造成负担。

4. 痛风者不宜常喝老火汤，因为汤中常常含有大量嘌呤。

1. 将所有食材洗净、沥干。

2. 去掉油脂和鸡脖子，留骨架备用。

3. 胡萝卜、玉米切段，橄榄切两半。

4. 鸡骨架冷水入锅，大火烧开，撇去浮沫。

5. 倒入胡萝卜、玉米和橄榄，放入红枣，继续烧开，若还有浮沫继续撇出。

6. 转入砂锅，小火煲2个小时即可。

排骨炖秋藕

缠缠绵绵到餐桌

材料

排骨1大根（约400克）
莲藕2段（约600克）

调料

盐少量

你是排骨我是藕，缠缠绵绵到餐桌。这道汤的搭配堪称完美，汤好喝，排骨香，莲藕粉。中秋之前，我极少炖莲藕。广东的夏藕比较爽甜，适合凉拌、清炒，或者做成香辣菜。但入秋之后，莲藕会变得特别粉糯。

听老辈说，看莲藕的孔数可以判断它是粉的还是脆，可是卖菜的都不可能让我们把藕拦腰掰开，然后数一数藕孔。还是妈妈教的方法靠谱些——又矮又胖的泥藕比较粉。

温馨提示

1. 我常先把莲藕加2碗水放入高压锅中压一下，再取出，和焯过水的排骨小火焖煮。焖的时候就不要翻动锅里的食材，一来不会把汤搅浑，二来食材能保持完好。

2. 焯完排骨的汤水不要倒掉，撇去浮沫即可。新鲜的排骨不需要太复杂的处理，更不需要葱姜蒜去腥，尽量保持原汁原味。

1. 清洗莲藕，彻底洗净再削皮，这样可以防止泥巴溜进藕孔里

2. 滚刀将莲藕切成大块。

3. 新鲜排骨砍小块，洗净，冷水入锅，烧开后撇去浮沫。

4. 放入莲藕，烧开后，转用铸铁锅或者瓦煲小火焖煲，至排骨软绵，莲藕香糯，出锅前调入少许盐即可

天麻
老鸭汤

中药入馔
防未病

材料

老鸭1/4只
野生天麻几根
红枣几粒
干山药片3片
百合干一小撮

调料

盐少量

　　天麻算是一种较常用也较名贵的中药材，有镇静、抗惊厥、降血压等作用，广东人常用它来炖老鸽、猪脑、瘦肉等等。

　　作为中药材入馔，分量不需太多，喝一两次当然也起不到明显的效果。广东人擅长食疗、食补，把养生保健融入日常的汤汤水水中，讲求防未病。这也是结合地域特色而发展出来的独特烹饪方式。

1. 准备好所有食材。老鸭去皮，把皮下连着肉的地方的油脂也清理干净，然后斩成大块。

2. 锅中加入4碗冷水，放入鸭肉，烧开后撇去浮沫。

3. 依次加入其他材料。

4. 烧开后转小火煲1.5小时左右。关火前调入少许盐，也可以不加。

沙参玉竹鸡爪汤

清润好汤，防燥有方

材料

猪腱子肉250克
鸡爪8只
玉竹少许
干百合少许
红枣几粒
枸杞1小把
雪梨1个
胡萝卜2根

调料

盐少许

沙参和玉竹，常常一起出现在广东人的汤谱里。玉竹可润燥，止渴；沙参则可治肺热咳嗽。秋冬比较干燥，大家又喜欢吃一些高脂肪、重口味的菜肴，所以特别适合搭配一道这样的清润滋补汤。很多人还会结合家人的身体情况，对煲汤的食材进行改良，比如适度添加百合、银耳，再加蜜枣或红枣，定期煲上几次，秋冬就过得妥妥帖帖了。

1. 备好所有食材。洗净食材，雪梨去皮、去芯切成块，胡萝卜切块。

2. 去掉猪腱子肉上的白筋，然后切块；最好挑选新鲜的鸡爪，不用冷冻过的。

3. 锅中放入水、猪腱子肉、鸡爪，大火烧开后，撇去浮沫，然后依次加入其他汤料。

4. 大火烧开后转小火，慢煲1.5个小时。关火前调入少许盐，不放也可。

自制玉米汁

夏日绝佳饮品

材料

新鲜甜玉米 2 根
（约 500 克）
牛奶 100 毫升
水 500 毫升

调料

糖适量
（可不加）

第一次喝到香甜、热乎乎的玉米汁，就被它征服了。心中暗叹：是谁这么聪明，想到把甜玉米搅打成汁喝？我是个不折不扣的"玉米粉"，但是啃玉米，有时候是件难堪的事。如果没有足够的时间能优雅地把玉米粒剥下来放进嘴里，最终难免嘴角、桌子上都会遗漏下来不及细嚼的玉米胚芽，而手中的玉米，也变得像被猪啃过一样。

做一杯玉米汁的时间，比啃一根玉米的时间还要短。喝不完冷冻在冰箱里，就成了一道可口又养颜的绝佳夏日饮品。

1. 新鲜玉米除去外衣，拔去须子，洗净。

2. 将玉米放入锅中，加水煮熟（10—15分钟左右）。

3. 煮熟的玉米稍微放凉，剥下玉米粒，可以借助小刀，切入玉米粒的根部，这样更容易剥出。

4. 玉米粒放入料理机中，倒入500毫升左右开水（可以用之前煮玉米的水），再倒入100毫升牛奶，喜欢甜口的可以放入适量的糖，一般来说玉米汁已经够甜了。

5. 选取料理机的五谷或者浓汤功能，2分钟即可喝上健康又营养的玉米汁。喜欢搭配其他口感的可以自己添加各种五谷杂粮。

元肉党参竹丝鸡汤

美好的愿望
总是要有的

材料

竹丝鸡半只
桂圆肉25粒
党参3根
干淮山2片
红枣几粒

调料

盐少许

　　偶尔，我会是个这样的小女人：在厨房里磨上半天，煲一锅汤，炖一锅肉，烤个喜欢的蛋糕，闲暇工夫泡杯茶看看书……一个下午都在各种诱人的香味中度过，等着心爱的他回家吃饭。

　　都说，美好的愿望总是要有的，要不，一不小心实现了怎么办？

　　我的梦想就是有个大厨房，让它成为我的大玩具。有时呼朋唤友，一起大显身手变出许多美食；有时静享一个人在厨房中的时光，鼓捣出一样以前不曾体验的菜式——这个愿望，在去年，竟然实现了……

1. 竹丝鸡去皮后，再去掉皮下的油脂块；将其余材料洗净、沥干。

2. 竹丝鸡放入砂锅，加入4大碗水，烧开。

3. 烧开后撇去上面的浮沫，放入党参、桂圆肉、淮山、红枣。

4. 大火烧开后，转小火慢炖1.5小时即可。盐随喜好添加，关火前根据个人口味调入适量的盐，我们家喝汤一般不加盐，喜欢原汁原味。

椰子炖鸡

南方特有的消暑汤

材料	调料
鸡半只	盐少许
椰子1个	
莲子10颗	
夜香花1朵	
红枣、枸杞适量	

广州是个奇怪的城市，喝汤不分早午晚。不管喝早茶，还是在大排档吃午饭，抑或消夜，只要你愿意，都能来一碗老火靓汤。

文明路有几家炖品店的汤很不错，尤其是其中一家的椰子炖汤。店家提供的座位不多，所以好像永远有人在排队。尤其炎夏，人们都昼伏夜出，这几家店也是挑灯夜战，店内熙熙攘攘，别有一番南方夏夜的景致。

椰子，是南方特有的消暑物。椰汁、椰青都能用来煲汤，一点儿都不会浪费。椰青温润，莲子清心，枸杞、夜香花养肝明目，搭配鸡肉炖汤，不失为一款夏日滋补佳品。

1. 鸡去皮、去油脂，斩成小块

2. 鸡肉入冷水，烧开后撇去浮沫，捞出备用

3. 椰子可以让店家帮忙处理一下，砍下一块作为盖子。倒出椰汁，放入鸡肉、红枣、莲子和枸杞，把椰汁倒回椰子里面

4. 盖上一张油纸，再盖上椰子盖，入锅隔水炖煮

5. 锅中加入冷水，水位到达椰子1/2的高度即可。水烧开后，改小火炖2个小时。出锅前放入夜香花、一小把枸杞，调入少许盐，盖回盖子再炖5分钟即可。

撞出来的美味

豉油王炒面

一道接地气的面食

材料

细面（淡碱水面）约150克
豆芽1小把
香葱1根
韭黄1小把
白芝麻1小撮

调料

头抽2汤勺
老抽几滴
糖少许（不超2克）
盐1克左右
食用油适量

炒面在广州是一道很接地气的家常主食，可以用炒面开始一天，也可以用炒面结束一天。

一些餐厅能把炒面做得高端大气上档次：鲍鱼炒面，雪花牛肉炒面，松露炒面……其实，最受欢迎的，还是大排档里那朴朴素素、但是每一根面条都回味无穷的豉油王炒面。貌似简单，其实很考验厨师的功底。

1. 备齐材料，将豆芽、韭黄、香葱择好、洗净。

2. 将除食用油外的所有调料倒入碗中，搅匀；炒香芝麻备用。

3. 锅中烧开水，放入细面煮约1分钟，不要煮得太软，否则会影响炒面的口感。

4. 捞出面条过冷水，沥干水后淋一点点食用油，料放，以防面条粘连。

5. 锅中烧热适量食用油，放入豆芽，炒软，倒入面条，迅速翻炒，让所有面条都粘上油，这样才根根爽口有弹性。

6. 淋入之前调好的酱汁，快速翻炒均匀，让所有面条着色。

7. 加入韭黄和香葱，翻炒均匀即可出锅。上桌时撒入炒香的白芝麻即可享用。

　　"煎堆碌碌，金银满屋。"广东人过年要吃煎堆，是为了图个好意头。圆圆滚滚的煎堆，预示着金银满屋、收获丰盛。

　　市面上卖的煎堆大都里面包裹着爆米花、花生、椰丝，或者肥猪肉等馅料。我觉得带馅儿的煎堆吃起来比较腻，所以特别钟情空心煎堆，也就是纯糯米粉做出来的煎堆，类似北方的麻团。

材料

糯米粉 200 克
芝麻适量

调料

食用油适量
糖 80 克
清水约 135 毫升
小苏打 2.5 克
泡打粉 1.5 克

『煎堆碌碌』

金银满屋

温馨提示

1. 泡打粉要选用无铝泡打粉，小苏打不可放多，放多了会有苦味，碱味也特别重。

2. 滚动是为了让煎堆更加浑圆，压扁则可以让它变得更大。

3. 最起码能发到原来的两倍大，如果够耐心的话，甚至可炸到3倍大。

4. 炸好以后要小心轻放，它们很容易变形，最好不要相互挤压。

1. 准备好所有的材料和调料。

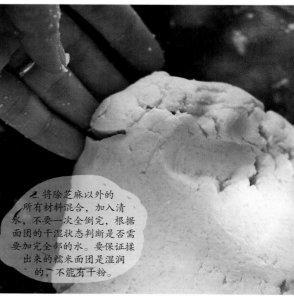

2. 将除芝麻以外的所有材料混合，加入清水，不要一次全倒完，根据面团的干湿状态判断是否需要加完全部的水。要保证揉出来的糯米面团是湿润的，不能有干粉。

4. 将所有糯米粉都揉成小团子。

3. 取一团揉好的糯米粉（20克左右），在手心上滴弄两滴水，把面团揉得光滑圆润。

5. 将小团子放进芝麻碗中滚动，使糯米团均匀地粘上一层芝麻。

6. 锅中倒入油，烧到六成热，然后再降回到三四成热，保持火候不变，把团子放进去，迅速且轻柔地翻动团子。

7. 用筛子底部像画圆圈一样来回滚动团子，其间轻轻把团子压扁，再放开。

8. 等油炸至煎堆变成原来的两倍以上，表面金黄圆润，即可捞出。

材料
棉花糖 300 克
奶粉 200 克
开心果 100 克
花生米 100 克
无盐黄油 80 克

开心果
花生牛轧糖

好吃才是王道

关于牛轧糖的起源，有好几个版本。一说是在15世纪中期由意大利人发明，还有一说是中国明朝的商辂为了感谢文昌帝君托梦使其三元及第，依照梦中做法所做出。它还有一个名字："鸟结糖"（或"纽结糖"），源自法文"nougat"，起源于拉丁文"Nux"，其原意是指坚果。中式的鸟结糖中多加花生粒，西式的则多加杏仁粒。对于一个贪吃的人来说，源自哪里不重要，好吃才是王道。如今牛轧糖的花样也不断翻新，除了添加开心果，还有添加蔓越莓等各式果脯。今天这款，就是在传统做法上稍微变通了一下。

1.花生提前炒好，去皮；开心果剥壳。开小火，烘干炒锅，放入黄油慢慢融化。

温馨提示

1. 牛轧糖适合用不粘锅做，普通炒锅容易粘锅。

2. 整个过程小火就可以，火太大黄油容易变黑，棉花糖容易煳。

3. 棉花糖最好买有品牌保证的，不要用有色素和夹心的。

4. 若想让牛轧糖软一些，可将开火时间缩短，棉花糖融化后就可以关火，放入奶粉和坚果拌匀即可。若想口感硬一些，就把火一直开到操作过程结束。

2.倒入棉花糖，搅拌至棉花糖全部融化。

3.倒入调好的奶粉，和融化的糖一起拌匀。

4. 加入开心果仁、花生，拌匀即可关火。

7. 包上油纸或者糖果纸，我用的是自己裁剪的面包纸。

5. 把炒均匀的糖果倒到硅油纸上，上面再铺一张厚油纸，用擀面杖擀至1厘米左右厚度，静置。

6. 彻底冷却后，切成条，按照自己喜欢的大小切成小块。

马蹄糕

不经雕饰
美好如斯

在尼泊尔和印度旅行的日子，每顿饭几乎都少不了咖喱，还有孜然、小茴香等各种香料，甚至在离开尼泊尔那天，机场提供的蛋糕竟然也是有孜然的……

那段时间，虽然也品尝了当地的不少美味，可是，我非常想念广州的美食，而且，不知为什么特别想吃马蹄糕——虽然那不是吃马蹄糕的季节，可是我对它的想念真是剪不断理还乱。

回到广州就迫不及待地去喝早茶，清甜滋润、爽口弹牙的马蹄糕一入口，胜却人间无数呀。

材料

马蹄粉 125 克
马蹄 6 个

调料

水 700 毫升
红糖 120 克

1. 备好材料，取1/3的水倒入马蹄粉中搅拌成糊。

2. 马蹄去皮切碎。

3. 剩下的水倒入锅中，加入红糖，加热至糖融化。

4. 用汤勺舀两勺糖水放入马蹄粉糊中搅拌均匀。

5. 把拌匀的马蹄糊全部倒入煮好的糖水里，一边倒一边搅拌，成为半熟浆。

6. 加入马蹄碎搅拌均匀。

7. 将搅拌好的马蹄糊倒入模具内。

8. 蒸箱装入水，预热到100度，放入马蹄糊。15分钟后，马蹄糕变得晶莹剔透，就基本熟了。

9. 取出马蹄糕，放凉，然后放入冰箱冷藏至马蹄糕变硬，就可以取出来切块享用了，也可以用油煎香热吃。

材料（约16个月饼）

鲜肉内馅材料及调料
三分肥七分瘦猪肉250克
鸡蛋1个
淀粉1勺
食用油1汤勺
酱油1汤勺
料酒各1汤勺
姜、葱各少许
胡椒粉少许
盐少许

水油面团材料及调料
面粉250克
清水100毫升
植物油70毫升
糖20克
盐2克

油酥面团材料及调料
面粉180克
植物油90毫升
细砂糖10克
盐1克

表面饰料
蛋黄液适量
黑芝麻适量

作为广东人，一直以来以为月饼就只有豆沙、莲蓉和五仁，直到前些年，一不小心掉进了网络这个大缸，才知道月饼还有这么多品种。大文豪苏东坡有句诗云："小饼如嚼月，中有酥和饴。"赞美的是苏式月饼。读过此句，我便开始萌生制作苏式月饼的愿望。其中，我对鲜肉月饼的口感充满了好奇。

今年，没等到中秋，我就早早开始采办，准备大干一场。

鲜肉月饼不须大，新鲜出炉时吃最美味，冰箱里放一天，味道就会大打折扣。虽说月饼是中秋节"特供"，但是清晨烘几个，配碗清粥或者一杯清茶，也是甚好的。

鲜肉月饼

没有保质期的月饼

最新鲜

1. 剁好肉馅，姜、葱剁成末；把全部鲜肉内馅材料放入盘中。

2. 用筷子朝一个方向搅拌，用力搅打肉馅至有点胶状，盖上保鲜膜放入冰箱冷藏备用。

3. 制作水油面团和油酥面团。将水油面的材料与油酥面的材料分别揉成一个光滑的面团，再各均分成16份。

4. 取一个小的水油面团，压平，中间放一个小的油酥面团，用虎口将油酥面团包在水油面团里。

5. 捏好封口处，让油酥整个被均匀包在水油面里。

6. 开口朝下，将包好的面团盖上保鲜膜，静置20分钟。

7. 取一个面团，用擀面杖按压成椭圆形。

8. 将面皮卷起，卷好的面团近似于一个圆柱体。

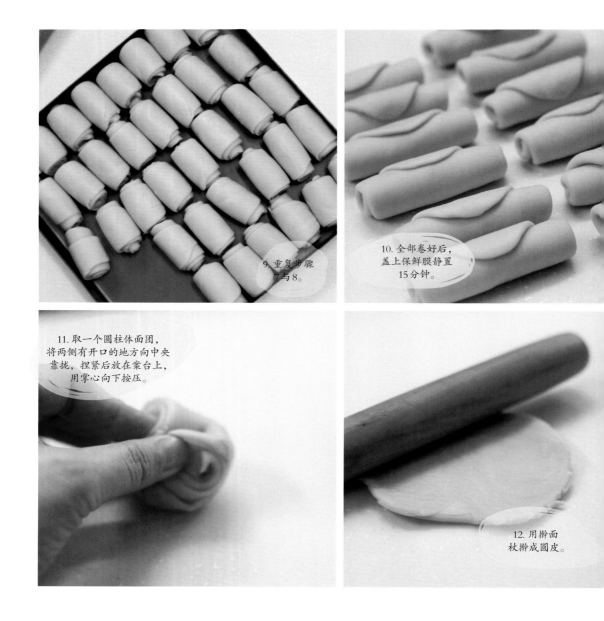

9. 重复步骤
7与8。

10. 全部卷好后，
盖上保鲜膜静置
15分钟。

11. 取一个圆柱体面团，
将两侧有开口的地方向中央
靠拢，捏紧后放在案台上，
用掌心向下按压。

12. 用擀面
杖擀成圆皮。

13. 在面皮上添上鲜肉馅料。

14. 用虎口包入，捏紧，开口朝下放在烤盘内。

15. 将包好馅料的月饼全部放入烤盘内。

16. 烤箱预热到185度，月饼表面刷一层蛋黄液，再撒些黑芝麻，放入预热好的烤箱烤25—30分钟即可。

香菇
红烧肉粽

以粽子之名大口吃肉

每逢端午将至，网络上便是咸甜党的口水战，看着也是一乐。小时候，家家户户在快到端午节的时候都要包粽子。各家的粽子都有自己的家传，形状、馅料花样百出。端午午时，各家炊烟袅袅，整个村子都被笼罩在悠悠粽子香中。接下来便是相互送粽子，各家小孩炫耀的时刻了："我家的是肉馅！""我家的红豆馅啊！""我家什么馅儿的都有！"

香菇红烧肉材料及调料

干香菇10朵
五花肉400克
花生米1把
冰糖4粒
大蒜5瓣
米酒1汤勺
酱油2汤勺
盐少许
油适量
水1小杯

粽子材料及调料

糯米750克
小米1小杯
粽叶、草绳适量
盐、油少许（以上材料为大概量，我一共包了比较小的18个粽子）

1. 备齐材料。糯米提前一晚用水浸泡；小米和花生最好浸泡5个小时；干香菇提前泡发；五花肉切成小块；粽子叶和草绳用开水煮十几分钟，然后清洗干净。

2. 将泡发的香菇挤干水，每朵切成3块，入油锅炸至浅黄，捞出备用。不需要用很多油炸，可以半煎炸的方式，香菇不怎么吃油。

3. 锅里留少许底油，放入冰糖，用小火炒至糖融化，倒入切好的五花肉，开大火炒至全黄色。放入蒜瓣同炒一会，沿锅边倒入1勺米酒，略炒一下后倒入酱油翻炒。

4. 加水，放入花生，烧开后小火煮15分钟左右。

5. 放入香菇，开大火收汁。

6. 糯米和小米混合，调入少许盐和油拌匀。取一张粽叶（如果粽叶比较细，可以将两张交错叠起来使用），从中间对折成半漏斗型，然后往里面装入1勺米。

7. 放入两块五花肉、两块香菇、几粒花生。

8. 再铺入一层米。

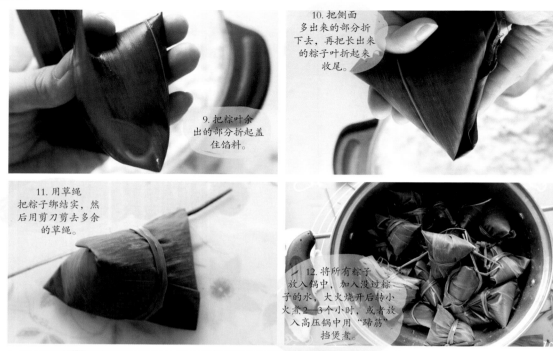

9. 把粽叶余出的部分折起盖住馅料。

10. 把侧面多出来的部分折下去，再把长出来的粽子叶折起来收尾。

11. 用草绳把粽子绑结实，然后用剪刀剪去多余的草绳。

12. 将所有粽子放入锅中，加入没过粽子的水，大火烧开后转小火煮2—3个小时，或者放入高压锅中用"蹄筋挡煲煮。

13. 煮好的粽子可以趁热吃，放凉后入冰箱冷藏后再食用也是不错的选择。想要保存更长的时间，可以冷冻，吃之前再重新入锅煮一下即可。

姜汁撞奶

撞出来的美味

材料

老姜1块（约60克）
全脂牛奶400毫升

调料

糖10克
红糖粉两勺

第一次吃姜汁撞奶，竟然是在黄埔古港。

我在广州虽然待了几年，但是每天忙于工作，对这座城市还是十分陌生，以为广州只有车水马龙，人声鼎沸。那天跟着朋友穿过一条悠长的小路，进入左拐右转的小巷子，地上跑着放养的鸡鸭，门口晒着大小鱼干、萝卜干、菜干……一抬头，看见一排排小吃店：艇仔粥、炖蛋、姜撞奶……我顿时两眼放光。

朋友带着我径直走到一家店坐下："老板，两碗姜撞奶！"

"好嘞！"

立马有伙计端出两个碗，碗底已经放了少许姜汁，只听伙计娴熟地喊了声："小心咯！"然后迅速从高处倒下牛奶，撞击姜汁。不一会儿，牛奶竟然神奇地凝固了。热乎乎的姜撞奶，飘着香甜的气息，一碗下去，额头冒汗，说不出的舒爽。

1. 准备好所有材料。牛奶最好用鲜奶。

2. 老姜刮去外皮，用擦子擦成蓉。

3. 将姜蓉放入榨汁机，榨取约40克姜汁。

4. 姜汁平均倒入2个深碗中。

5. 牛奶倒入奶锅中，加糖，加热至75度左右。若没有温度计，就用小火煮至牛奶冒小泡后，再取一只空奶锅，将牛奶在两只奶锅中来回倒，使牛奶温度下降，大约来回倒5—6次即可。

6. 用汤勺搅拌一下碗中的姜汁，以免有沉淀。上下移动奶锅，让牛奶从低处往高处迅速撞入碗中。从50厘米的高度撞入牛奶后，2—3分钟后牛奶就会凝固，高度不够或者沿着碗边缓缓倒入的牛奶则需要较长时间才凝固。

7. 牛奶中插入一根牙签也不会倒，即是充分凝固了。

8. 配方中糖的含量比较低，吃时可以舀入一勺红糖粉，或者在煮牛奶时加入30克糖。

金色流沙包

早茶必点

包子原料

低筋面粉 300 克

糖 35 克

水 165 毫升

酵母 4 克

无铝泡打粉 5 克

流沙馅原料

咸蛋黄 4 个

黄油 40 克

牛奶（或水）20 毫升

粟粉 8 克

奶粉 10 克

糖 32 克

炼奶 15 毫升

吉利丁片 1/4 片

居然同学对金黄色的食物向来无法拒绝，芒果、枇杷、榴梿、蛋糕……只要看到了，馋虫就蠢蠢欲动，若是只能看不能吃，那简直就是上酷刑了。前些年尤其喜欢到茶楼"饮茶叹包"，哪怕自己的生物钟向来凌乱，没有早起的习惯，还是可以为"叹早茶"调好几个闹铃，驱赶睡虫，然后衣衫不整地拖着小庞哥出门。

这款流沙包，方子改了五六次，每次做都有新的心得，没啥经验的同学按照方子来做也会成功率很高。这款包微咸，不太甜，很对我的胃口，唯一的缺点就是热量太高。

1. 备好做包子的材料，将面粉、糖、酵母、泡打粉混合，加水后揉成光滑的面团，静置发酵至原来的 2 倍大。

2. 将咸蛋黄蒸熟，碾碎。

3. 将糖、黄油、牛奶、泡软的吉利丁片放入碗中，隔水加热至糖、黄油融化后，加入炼奶、粟粉、奶粉，搅拌均匀。

4. 再加入压碎的咸蛋黄，全部搅拌均匀。

温馨提示

1. 泡打粉最好选用无铝的，虽然贵点但用着放心。也可以不用泡打粉，只用酵母，需要在蒸包子前二次发酵。

2. 餐馆里的流沙包都会加入比较多的吉士粉，吉士粉属于增香剂，用后会奶香味较浓，为了健康这里就不建议用了。

3. 黄油要选用天然动物黄油，不要因为价格便宜而选人造植物黄油。

4. 蒸包子前要冷水入锅，蒸好后关火焖几分钟再取出，这样可以让包子不塌，卖相佳。

5. 可以在面团中加点黄油，这样流沙馅没那么容易渗到包子里去，而且口感更香，如果怕热量太高就不要加了。

5. 将调好的馅料放入冰箱冷藏1个小时，凝固定型后再等分成小剂子。

6. 面团发酵至原来的1.5—2倍大，取出排气。

7. 将面团等分成10个剂子，揉成滚圆。

8. 将小面团压扁，包入定型好的馅儿。

9. 收口朝下，稍微再重新滚圆一次。

10. 蒸笼里铺上蒸笼屉布或者油纸，放入包好的包子。

11. 冷水入锅，放上蒸笼。水烧开后，改中小火，蒸10分钟后关火，焖2—3分钟后再揭开盖子。建议取出后尽快食用，这样里面的馅儿才会呈流沙状。

腊味虾米
萝卜糕

地道『古早味』

材料

白萝卜1根（约
500克）
黏米粉150克
淀粉20克
虾米约30克
腊肠2根

调料

白胡椒粉、盐、
食用油、糖各
适量

　　萝卜糕，是广东传统小吃，地道的"古早味"之一。每逢春节将至，家家户户除了扫房、买花，还要早早地把萝卜糕、芋头糕、马蹄糕准备好，寓意着新的一年步步高升，博个好意头。而今，萝卜糕也是粤式早茶中必备的茶点。

　　做萝卜糕，萝卜一定要切得细，以求达到"只尝其味，不见其身"的境界。虾米、腊味和白萝卜是绝配，即使是不喜欢吃白萝卜的我，也抵挡不了这道流传久远的经典小吃。所以说，老祖宗发明、能一路流传至今的东西，一定有它的道理。

1. 萝卜擦成极细的丝；腊肠、虾米切成小丁；黏米粉和淀粉混合。

2. 将萝卜丝中的水分挤出备用。

3. 黏米粉中加入200克左右的水，搅拌成糊，调入少许盐（生手要试一试米浆的味道，不能过咸，也不能太淡，盐可以一点点加，直到适合为止）。米浆搅拌成舀起后能缓缓流下的稠度。

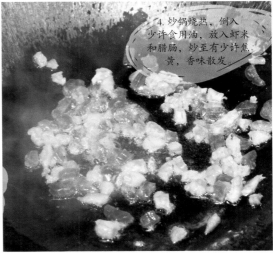

4. 炒锅烧热，倒入少许食用油，放入虾米和腊肠，炒至有少许焦黄，香味散发。

5. 加入萝卜丝炒匀，调入少许白胡椒粉，再调入少许糖、盐，炒匀装起备用。

6. 小汤锅中倒入萝卜水（如果萝卜水不足200克，可以用清水补足），烧开后加入之前炒好的萝卜馅，用小火再次烧开

7. 把之前搅拌好的米浆缓缓倒入锅中，倒之前要先搅拌一下（因为有些米粉开始沉淀了），一边倒一边搅动，如果全部米浆倒完后感觉太稠搅不动，还可以适当地加点水。

8. 模具上抹一层食用油，倒入米糊，抹平。蒸锅烧开水，上笼蒸20分钟左右（视萝卜糕厚薄调整时间）。

9. 萝卜糕放凉后（最好冷藏几个小时）切成方块，享用前加热或者用油煎香都不错

香菇炸醬面

单身日子『就酱』

材料

四分肥六分瘦猪肉400克
干香菇100克
红葱头3个
胡萝卜适量
生面条100克
葱花适量

调料

豆瓣酱3大勺
（约60克）
食用油适量

　　小庞哥在家的时候，每天的生活过得有条不紊，该起床起床，该买菜做饭买菜做饭，到点了该睡就睡，要不他会在耳边"唠唠唠"唠叨个没完……

　　他出差以后，我就又回到自由的"单身生活"。晚上抱着手机追剧到天亮，也爱约闺蜜逛街吃饭看电影……如果在家吃饭，我通常会熬一锅"香飘万里"的炸酱，提前在冰箱里囤点五颜六色的蔬菜，每天用香喷喷的炸酱盖一碗面或米饭，再配点蔬菜，"就酱"（网络用语，"就这样"的意思）！一个人，也要好好吃。

1. 泡发干香菇，猪肉剁成肉馅。

2. 香菇剁碎；红葱头拍碎备用。

3. 加热炒锅，倒入食用油（油要多放，我放了差不多半碗），把葱头放入煸香。

4. 放入猪肉馅儿，用铲子迅速推散。

5. 将肉馅儿炒至变色、出油，不要过度焖炒，以免肉太干硬。

6. 加入香菇，继续小火炒匀。

7. 加入豆瓣酱。如果想口感更丰富，可以再加两勺甜面酱。

8. 继续用小火翻炒一会儿，炒至肉酱汁冒泡即可，放凉后装起备用。

9. 另取一只锅烧开水，放入面条，水沸后加少许凉水。煮到软硬合适时捞出面条，再过一次凉开水。将面条装入碗中，舀几勺炸酱，撒点葱花，搭配些胡萝卜或其他新鲜蔬菜即可。

宫廷固元膏

冬季进补有『膏』招

材料

阿胶 250 克

黑芝麻 150 克

核桃仁 200 克

大枣肉 150 克

桂圆肉 150 克

枸杞 1 把

蜂蜜 120 克

调料

黄酒 250 毫升

固元膏，主要由阿胶、芝麻、红枣、核桃等制成，据说最早是杨贵妃所创，慈禧晚年也非常喜欢这道药膳。

据《药典》记载，阿胶具有滋阴润肺、补血止血的功效，尤其适合一到秋冬就手脚冰凉的女性。再加上红枣、黑芝麻、核桃的滋补作用，固元膏成为亚健康女性的绝佳滋补品。

固元膏在几年前因为一本书的热销而受到国人追捧，其实并不是每个人都适合食用它。固元膏太过滋腻，性偏得比较厉害，脾胃不好的人不宜食用。在服用之前，最好请中医根据自己的体质来加减配方中的用量。

1. 将阿胶敲碎（如果没有合适的工具，可以请药店帮忙处理好）。敲碎的阿胶倒入黄酒中浸泡3—4天，我一般泡足4天（盖上盖子以防酒精挥发）。

温馨提示

1. 阿胶在黄酒中浸泡4天后，会变得很柔软，在锅中熬煮时很容易融化。有的朋友说阿胶隔水加热融化很困难，要差不多一个小时，那是因为阿胶还没有泡够时间。

2. 熬固元膏的时候，可以根据自己的体质和口感偏好灵活添减材料，不要盲目跟从别人的方子。

3. 很多固元膏的方子中糖的分量都不少，加上桂圆、红枣，固元膏会非常甜腻，所以我用蜂蜜代替了糖。

4. 煮阿胶最好用铜锅，没有就用陶瓷或玻璃锅，尽量不要用铁锅。

2. 备好其他材料。

3. 大枣洗净，沥干后去核再剪成小块。

4. 桂圆肉用大火蒸3分钟左右，蒸软。

5. 加热炒锅，用小火炒香核桃仁，盛出备用。

6. 再倒入黑芝麻，继续用小火炒香，炒好后盛出备用。

7. 倒入红枣，炒干表面的水分。

8. 取一个宽口锅，装入适量的水，再放入要隔水煮黄酒阿胶的深锅，水中可以垫一块小毛巾，这样搅拌阿胶时下面的水就不会溅出或者溅入阿胶中。先大火烧开水，再转小火，中途要搅拌阿胶。因为阿胶泡的时间较长，大概隔水加热15分钟就彻底融化了。

9. 隔水加热的阿胶温度不高，大概是70度，所以液体也不会蒸发很多。阿胶全部融化后再继续隔水加热15分钟，让阿胶和黄酒彻底融合，然后倒入蜂蜜搅匀。

10. 加入核桃，搅拌均匀。

11. 加入桂圆肉，再次拌匀。

12. 依次加入红枣、黑芝麻。

13. 最后加一把枸杞。如果这个时候还有汤汁或者比较稀，可以继续再加热十来分钟。

14. 彻底拌匀后，取出。

15. 取方形容器，垫上油纸、锡纸（经过验证，较厚的硅油纸最好用）。趁热倒入固元膏，压实，放凉后入冰箱冷藏一晚，取出切片即可。

16. 每次做一个星期的量，每天吃1片

定价：36.00 元

《栗原日式料理每天做》

　　日本家喻户晓的"家政女王"栗原晴美的温暖家庭日式料理！她坚信美味的料理，能让餐桌上萦绕欢声笑语，让家庭变得更加和谐幸福。为了传递日式美食与笑声，她在《栗原日式料理每天做》中传授了近70种日本家庭餐桌上的保留料理：涵盖汤、面条、米饭、豆腐、海鲜、寿司、蔬菜、甜品和饮料等。所有料理食材轻松易得，烹调方法简单快捷。跟着栗原晴美学做日式家庭料理，体验地道、健康、多样、富有内涵的日式饮食文化！

定价：38.00 元

《再忙，也要为你做早餐》

　　"最牛早餐妈"跳跳妈的早餐力作品，100道营养、安全、温暖的早餐，开启全家人充满活力的幸福一天！从儿子上幼儿园起，跳跳妈开始每天早上亲手为家人做早餐：金枪鱼海鲜粥、牛腩粉丝煲、盖浇紫薯面、白玉猪骨浓汤、小锅豆皮、杏仁豆沙卷、铜锣烧、南瓜面疙瘩……天天不重样，样样零失败，健康又美味，自己做最安心！跳跳妈既不是美食专家，也不是专业厨师，她跟你我一样只是一位妈妈；但正因如此，她能做的，你也能做，只要有爱，只要有心，让全家美美的一天，从早餐开始。

插图：唐薇